The First Six Weeks

新手家长轻松育儿百科

（出生前6周）

[澳] 凯瑟琳·柯廷 / 著

高晶 / 译

中国友谊出版公司

译者序

育儿，是件痛并快乐的事情。其间既有辛酸，又不乏美好。婴儿呱呱坠地，喜悦之余，初为人父人母，如果在育婴方面欠缺经验，面对随时出现的新情况和新问题就会变得手足无措。

初识本书原著，当即让我有种畅快淋漓之感，行文内容无不体现着原作者凯瑟琳的体察入微，当天即进行了通篇阅览。作者的真诚与专业深深打动着我，也坚定了我一定要将本书翻译好，以此推介给更多家长朋友们的决心。40余年的妇幼保健护理经验，上万次的助产实战，这些都是本书内容考究而且实用性极强的原因所在。从婴儿哺乳到日常护理，从乳房护理到心理呵护，从儿童发育到亲子互动，全书内容兼容并蓄，凯瑟琳对母婴双方都体现了无尽的关怀。

当今时代，信息呈现出爆炸式的增长态势，我们如何去粗取精，从浩如烟海的育儿书中找到真正适合自己的经验与办法？所谓育儿之路，就是家长的一场自我修行与蜕变。阅览育儿书籍不在多，贵在精，只有真正经得起实践检验的内容才能让读者看了有所收获，并在为人父母的旅途中变得更有底气。回顾我自己当年两次育婴时经历的无所适从和不断试错，各种艰辛、苦涩、欢欣和惊喜皆历历在目。在翻译过程中，这些经历会随着文中涉及的内容不断在我脑海中回放。此刻，我的身份既是译者，亦是母亲，虽然未能在育儿之初就拜读凯瑟琳的作品，但我希望根据自己的亲身经历不断佐证凯瑟琳介绍的各种方法，尽量用最质朴最精准的语言将原作的精华与闪光点原汁原味地呈献给大家。

最后，希望妈妈们都能早日找到最适合自己的育儿之道，快乐地陪伴孩子度过生命中最重要的第一年。

高　晶

推荐序

我们正处于一个信息空前发达的时代，家长们可以轻而易举地得到丰富的育儿健康策略和方法。然而，这些随处可见的信息却有个致命的缺点，因为它们太过包罗万象，所以充斥着各种未经筛选的再加工信息，也因为耸人听闻的学术观点和不同意识形态的发展而出现了偏差。鉴于此，凯瑟琳·柯廷能撰写这本著作着实让我感到非常欣慰。

我曾目睹过她那些老练的方法为几代儿童及其家庭的幸福带来了切实的影响。在育儿的迷雾中，她那些自成一体的方法和适时的专业支持就像是一座照亮混沌的灯塔，为家长朋友们提供着缜密的建议，唤起了他们的信心。

由凯瑟琳来介绍本书字里行间提及的内容确实名下无虚。她曾任产房负责人，运营着一家妇幼保健网站，与无数医疗从业者精诚合作，还在她的私人诊所为成千上万名家长及儿童提供产后保健护理服务。凯瑟琳的建议皆是她根据自身丰富的临床经验认真思考总结的结果。她为家长特有的那些看似无法克服的困境提供了切实可行的解决办法，还时刻优先关注父母与子女之间的亲子关系，并将如何诠释孩子的正常、健康状态及如何预防疾病视作她的第一要务。

本书包含的内容刚好可以矫正现在数字时代下信息的泛化或谬误。我相信，育儿态度积极的家长都能发现这本书的宝贵之处，并且会像我一样感激凯瑟琳能将她的劳动成果及其他人的许多经验总结付样，进而为家长朋友们在育儿工作的第一年提供丰富的经验。

孩子们的成长需要社会各界共同参与[1]，幸运的是，我们这个全球共同育儿的社会群体能有助产士凯瑟琳这样的杰出人士加入其中。

临床医学学士、基础医学学士
澳大利亚皇家内科医师学会会员、博士
戴维·谢菲尔德医生

---

1. 原文直译为"养大一个孩子需要全村的努力"，这句话源于一句非洲谚语。在一些非洲的村庄里，每一个新生婴儿的抚养和教育责任都是由全村所有人共同负责和承担的。美国前国务卿希拉里·克林顿出版过一本名为《举全村之力》（*It Takes a Village*）的作品，探讨了儿童教育抚养问题。——译者注

作者说明

　　我对本书中提到的婴儿皆以"他"相称，既是因为我自己的孩子是男孩，同样也因为许多准爸爸准妈妈想等宝宝出生那一刻才揭晓性别答案（但是我清楚胎儿性别），所以我便一并以"他"代称了，但是并无冒犯女宝宝之意！

　　各种类型的家庭不尽相同，我还发现有许多人是独自养育子女的。也有一些家庭，父母是同性伴侣或者居住在数代同堂的大家庭中。请你根据自身情况参阅本书内容。我明白每家的家庭结构各不相同，所需面对的困难自然也都各不相同。

目录

导　言

　　我照顾过的孕妇下至14岁上至49岁，已经接生过上万名婴儿。可以说，能够融入这么多家庭中一直让我感到荣幸之至。并且我非常热衷于推广"快乐妈妈"理念，因为如果一个家里的妈妈是幸福快乐的，所有家庭成员都能从中受益。

　　从小我就对人体的各种机能理解颇深，8岁就开始阅览医学类书籍，而且我还意识到自己日后想从事医学类相关工作。对于这份工作的热爱源于我的家庭。我是家里8个兄弟姐妹中的老幺，并且21个侄女和外甥都是在我13岁后出生的，所以我有大量亲身实践经历，知道应该如何照顾喂养婴儿，如何给他们洗澡以及如何照看孩子。

　　我母亲多琳是位坚强而聪慧的女性，父亲杰克是位睿智又不乏幽默感的人，他还对各种事物体察入微，是他们二人通过身教为我做出了良好的示范。他们的育儿方式并不复杂但却爱意满满，这种用爱、充满惊喜的人生体验（比如旅行和各种欢乐趣事等）浇筑而成的亲子育儿经历，成功滋养了我们这几个兄弟姐妹。

　　在我早年当助产士的时候，需要一连几小时不停地学习助产术：倾听，观察，护理产妇，并指导她们分娩。在照顾产妇分娩时，我得时刻保持警惕，因为这关系到母子二人的性命。1975年，我在墨尔本圣文森特医院接受护士专业培训，1979年当上了东墨尔本关爱医院的助产士。当实习助产士那年，我接生了两名非常特殊的女宝宝。

简是我这辈子接生的第一个婴儿，几个月后，我又接生了另一个女婴勒妮。直至2013年，我又有幸为简和勒妮在妊娠期、分娩和早期育儿方面提供了帮助。简诞下了亨利和列伊达，勒妮诞下了夏洛特和小奥利弗。帮我曾经接生过的女婴助产并且现在还能继续出现在她们生活中，这实在是一种奇妙的人生经历。

我与妇产科医生伦恩·克里曼一起共事了30余年。11年前，伦恩和我在其位于东墨尔本的私人诊所创立一种全新的护理模式。伦恩医生为所有病人进行孕期诊治，同时也参与她们的分娩过程。婴儿在出生前和出生后，都能得到我方方面面的照顾，既包括咨询服务和母乳喂养支持，也有产后哺乳、育儿和护理等。

育儿这件事对新手父母来说本身就是一种冲击——无数次的喂养以及由此产生的困难都是极具挑战性的。比如，新手家长要面对的问题包括一直哭泣不止或夜晚不能安眠的婴儿，睡眠严重不足，并且常常遭遇专业人士提出相互矛盾的建议等。新手家长很难相信自己在育儿方面能够做得很好，他们会在不经意间变得焦虑。

在本书的上半部分：出生前六周中，我详细介绍的一些重要实践经验需要根据你家宝宝的具体年龄、体重和发育阶段进行调整，比如洗澡－喂奶－睡觉习惯训练法。许多看过本书的家长告诉我说孩子对洗澡－喂奶－睡觉习惯训练养成方法非常受用，但是宝宝出生六周后该怎么做却依然让他们感到无所适从。婴儿出生第七周会发生什么？何时能提前给婴儿洗澡？何时可以不再使用睡眠喂养法？家长可以在本书中找到这些问题的答案，并且在本书的引领下顺利度过孩子生命之初的第一年。

在本书的下半部分：出生六周后里，我将讨论到孩子生命最初 12 个月的乐趣和挑战，重点探讨母乳喂养和奶瓶喂养、辅食添加、睡眠、生长发育、玩耍的重要性、居家安全、洗澡－喂奶－睡觉习惯训练法以及这种方法在这 12 个月里的逐步发展等问题。本书还囊括了很多你可能没意识到自己不了解的其他重要信息！

"助产士凯瑟琳"网站缘起于新手父母遇到了各种混乱不清或者自相矛盾的信息轰炸，有些是他们先前从医院听来的，有些则是从许多文笔精良、初衷良好但却错漏频出的育儿书上看到的。这种信息过载现象在妈妈们怀孕之初就已经存在了。网络搜索、闺蜜之间的交流以及她们自己的成功育儿经验分享都会让新手妈妈们感到困惑不解。通常情况下，你的好友只有一两个孩子，所以凭借她们的经验你无法预测自己的宝宝应该如何喂养、睡觉、玩耍或发育，因为你的宝宝是独一无二的。

而后，还会有大量专业人士给你提出各种矛盾的建议……

更不用说杂货店老板、你的邻居了，就连超市里的陌生人都可能会向你款款走来，然后摸摸你肚皮给你提些育儿建议。许多准爸爸准妈妈开始感到不必要的焦虑，为各种无关紧要的问题而忧心忡忡。

我提出的训练方法对现在的新手父母而言非常有价值。这些训练方法可以教会他们有关婴儿睡眠、喂养和发育方面的知识，告诉他们蹒跚学步的幼儿如何思考以及他们的行为表现，为什么一些孩子容易入睡而另一些孩子入睡困难，还有如何帮助孩子入睡等。同时，我还时刻关注着妇幼领域的最新读物，并且有幸能与很多出色的产科医生和儿科医生密切合作。

很多妈妈对我说："居然从来没人告诉过我育儿会如此艰难。"即使那些先前已经有了思想准备的妈妈在孩子出生前也都很难想象生活会发生如此巨大的改变。我希望本书能在宝宝出生的第一年里为家长朋友们带来积极的指导作用。等孩子年满1岁时，你们可以为自己顺利度过这个困难重重但却惊奇不断的第一年好好庆祝一下！

第一部分

为人父母
的开始

第一章

为何出生前六周至关重要

你还记得孕期做超声扫描时的情景吗？你曾担忧地希望宝宝健康无碍。然后，扫描结果出来了，一切正常。在开始担心下周会出什么状况前，你可能已经愉快地离开了医生办公室。但是，你不知道的事还远不止于此。

这就是为人父母的感觉。家长们时常都有各种轻微的焦虑感，而且从未消失过。替子女担心本无可非议，但是你得接受自己在育儿过程中的各种感觉，不要为"下周会发生什么"或是"如果孩子今晚不睡觉怎么办"这样的事过分焦虑或担忧。这种思虑会妨碍你活在当下，也妨碍你随时随地对孩子的需求做出积极的反馈。

与此不同的是，我们应该学会顺其自然。如果你拥有一个健康的宝宝，大可静待其健康成长，尽量不要想着去发现他有什么"毛病"并解决。在本书中，我会多次提醒你：婴儿身上不可能同时出现生病和健康两种状态。这是你的孩子，你和宝宝之间存在着一种独特的纽带，你本以为自己只知道一些东西，但其实你远比你想象中更了解你的宝宝。

宝宝出生前六周既会是你经历过的最快乐的日子，也将是最难熬的日子。没有什么能让你为接下来的缺觉、泪水、欣喜和困惑做好准备。宝宝出生这六周会为你今后一生的育儿之路定好基调。在这六周里，我可以提供给你很多帮助你的宝宝在晚上 11 点入睡并且一觉睡上 5~6 小时的办法，这也是未来新手家长们拥有快乐、自信、积极心态的基础所在。

在需要特别关注的婴儿出生前六周，会发生很多"事情"。可能需要专业人士帮你渡过其中一些难关，解决这些令你担忧的问题，然后在必要时给你提供持续的支持和治疗。比如在婴儿出生前六周经历产后恢复、母乳喂养、伤口疼痛、伤口感染、便秘、情绪失控、涨奶、婴儿胃液反流、牛奶蛋白过敏、婴儿哭闹、婴儿吵闹、睡眠不足、乳头疼痛和皲裂出血、乳腺炎、疫苗免疫……

我知道，如果婴儿出生前六周能整晚踏实睡觉，母亲不仅情绪良好又能得到很多帮助的话，既会为婴儿形成良好的日常习惯打下基础，也能让你成为一名自信而镇定从容的妈妈。根据我的经验，如果你在宝宝出生前六周觉得自己在喂养，给婴儿洗澡、穿衣、裹褓裸和换尿布方面比较得心应手的话，就能少一丝焦虑，多一份自信，并且乐于享受早期的育儿生活。我希望本书能在你初为人父人母的头几周为你带来积极的指导，成为你的主心骨、定盘星。

很多妈妈对我说："居然先前没人告诉过我会如此艰难。"也许有人告诉过你，但在孩子真正出世前，你很难想象这种生活。孕妇往往更加关注分娩和生育，认为哺乳和育儿都是母亲与生俱来的能力，不会是什么难事。

一朝分娩即可结束，但是教养却是延续终身的！新手父母凯蒂和休吉带着他们的头胎宝宝回到家里，二人面面相觑，然后说道："我们对婴儿一无所知就开始为人父母，这么做不违法吧？"大家普遍都有这种感觉。你不知道的事还远远不止于此！

让我给大家讲讲我做咖喱鸡块的故事吧。如果我们都决定用同样的食谱做咖喱鸡块，就都会去买同样的配料，然后按照食谱来做，最后都能烹出差不多一样的咖喱鸡块。

但这本书可不是烹饪食谱。你不用坐下来逐页学习应该如何照顾婴儿。你的育儿之道必须是来自内心深处的感悟。婴儿可不是咖喱鸡块，每个孩子都是与众不同的。所以，每个人的教养方式也都迥然不同。

你诞下的婴儿具有自己的特性，有些孩子活泼吵闹，有些孩子需要很多依偎和拥抱，有些孩子则只是吃吃睡睡。如果你家宝宝爱睡觉，并不能说明你的运气好；如果你家宝宝不爱睡觉，也不能说明你的运气差或是你做错了什么。但是，按照我提出的洗澡—喂奶—睡觉习惯进行训练，你便可以帮助他安然入睡。

你的生活阅历、专业人士的建议以及那些来自朋友、社会、社交媒体、不同潮流趋势和育儿书上的建议都会对你的育儿方式造成影响。你们夫妇二人是如何被父母养大的也很重要，所以你们最好在妊娠期就探讨一下育儿方法，并试着在可能产生分歧的地方达成共识。

你的宝宝出生时只是一个尚未发育完全的新生儿，就像一张白纸一样。他对自己身处何地以及正在干什么毫无意识，所以完全得依赖你。他还不会又气又恼或是与你发生争执。但是家长有时却会把自己的价值观和情感都投射到婴儿的身体反应上。通常，我们会认为婴儿在换尿布时啼哭是因为"生气"或"伤心"。其实，他还不会思考或撒谎，既没有时间概念，对自己的行为也毫无意识。现实情况是，因为衣服被人脱掉令他感到不安，所以才通过原始反射发出哭声让父母明白他其实想穿上衣服。

我总是告诉新手爸妈们，有些事需要担心，有些事则不值得你殚精竭虑。食物、爱、温暖、安全和清洁卫生就是一个健康宝宝所需的全部东西了。

需要你担忧的事

如果你的宝宝出现下述情况，请引起重视并去找医生就诊：

- 软弱无力或反应迟钝

- 抽动

- 肤色青紫或肤色暗沉

- 高烧超过 38.5℃

- 食欲不佳

- 持续性呕吐或喷射性呕吐

- 排尿次数不足

- 粪便中带血

- 不由自主地啼哭，并且你无法止住哭声或安抚好他

- 持续不断地咳嗽

无须你担忧的事

- 打嗝

- 放屁

- 在尿布中排尿

- 在尿布中排便

- 连续打嗝

- 宝宝很警觉，环顾四周但不哭闹

学会战胜育儿过程中的恐惧感

新手爸妈在怀孕、分娩和早育期间会从专业人士、网络搜索和闺蜜那里得到很多令人产生恐惧感的信息。

现在，假设你是一位新手爸爸或新手妈妈，然后听说了下述一些或全部信息：

·不要把婴儿抱起来，因为他会习惯让你一直抱着，这样他就再也无法单独睡觉了。

·不要让婴儿喝奶入睡，这样他就再也不会自己入睡了。

·不要给婴儿喝配方奶，因为这样有碍母乳喂养。

·婴儿吃奶时不要用襁褓裹着，因为他觉得太舒服就会睡着。

·不要给婴儿喝牛奶，因为他可能会有过敏反应。

·你必须母乳喂养，不然婴儿就无法从母体得到抗体。

·不要母乳喂养太久。

·不要婴儿一哭闹就径直过去找他，他得学会如何自主入睡。

·把婴儿放在婴儿床里，不要总是抱着他，这样他会习惯让你一直抱着的。

这些"禁忌"都在灌输一种令人产生恐惧的情绪，而这些恐惧又会导致不安和羞耻感。诚如布琳·布朗教授[1]所言："羞耻感就像一种流行病，要想从它的阴影下走出来，找到重归彼此的路，我们必须弄明白它是如何影响我们自身以及如何影响我们的育儿方式的。注意我们看待彼此的方式，因为同理心是应对羞耻感的解药，所以我们必须弄明白如何找到共情的方法。"

因此，就像建造一座房子一样，为了战胜恐惧，从你出院回家那天起，就要先打好地基，培养好日常生活习惯。

各种育儿书和社区活动会为爸爸妈妈们灌输许多与"婴儿日常生活习惯"有关的术语，但是现实生活中的实践与理论之间其实一直是脱节的。新手父母带着酣睡的新生儿出院回家时，他们理所当然地认为小婴儿本该如此。但是要不了几天或几周，酣睡的婴儿就会清醒过来，行为方式也会有所改变，变得更加警觉，睡眠规律也随之发生变化。

接下来会怎样呢？

每个人都会变得很疲倦，没人能睡好觉或休息好，一家人可能都处于崩溃的边缘。直到生完儿子我才意识到，以日继夜的睡眠不足是一种多么衰弱无力的体验。他曾患有胃液反流，

---

1. 布琳·布朗是休斯敦大学社会工作研究生院的助理研究教授。她的研究课题包括脆弱性、勇气、真实性和羞耻，致力于研究人与人的关系—— 我们感同身受的能力、获得归属感的能力、爱的能力等。

但在 22 年前还没有药物能治疗这种症状，所以在他出生的前 8 个月，我得给这个身体极度不适的小婴儿一直喂奶并且一直竖抱着，时间似乎变得非常漫长。我每天只能睡 3～4 小时却要 24 小时随时照顾他，这是非常痛苦的。很难想象应该如何应对这种困难，但我总算还是设法熬过来了。

我继续说回婴儿的基本需求：食物、爱和温暖。

将婴儿喂饱后包裹严实，紧紧拥抱他，让他待在你身边，这些便是早期育儿和培养依恋关系的关键所在了。要有务实的态度。爱孩子，紧紧拥抱他，这些不会把他惯坏的。

初为人母时，我们都会感到不知所措。不要在新生儿阶段思虑过多，也不要读成千上万本育儿书，否则最终你只会被困惑或焦虑所扰，或者两者兼而有之。

你是孩子的生身父母，请相信自己的直觉，按照你自己的方式去育儿就好了。请对你自己的自然本能充满信心，你有能力去爱护孩子和你自己。大自然不仅为我们塑造了聪明的身体，也为我们的后代塑造了聪明的身体——每个婴儿皆是如此，他们做出的每个动作，发出的每个声响，做出的每个反应，都是有意而为之的。

你们夫妇二人此生都将最爱你们的宝宝，你们还需要引导并教育他。该怎么做完全由你俩做主。跟着感觉走，按照你们认为正确的方式行事，随时随地为孩子提供保护。现在如是，以后也会如此，你们永远都是孩子的主心骨和定盘星。

第二章

为新生儿的到来做好准备

怀孕时人会变得情绪化，觉得不知所措。从一开始，怀有身孕就与非怀孕的身体截然不同。你可能此前从没经历过什么头痛、便秘、胃灼热或者鼻窦炎，也没出现过每两小时就得醒一次去排尿，得垫一大堆枕头只是为了让自己能舒服一些，或者胯部酸痛或是腰酸背痛这样的状况。但是怀孕后，上述这些症状可能会在一天之内就全部找上门来。

你身体上发生的这些变化为的是适应怀孕状态，并为分娩和哺乳做好准备。不论最终是阴道分娩还是剖宫产，你都会在身体上和情绪上发生变化。

没人能真正让你为生孩子做好准备——你会经历身体上的变化、分娩、看到新生儿并闻到他的气味，情绪上也会出现高低起伏的变化。而且，这些在孩子降生的第一个小时就统统都会出现！这对女人从心灵和肉体上来说，都称得上是一次极大的考验。

不是所有人的育儿建议都需要采纳

听取医生和助产士的建议。所有其他"有帮助"的信息都会令你变得手足无措或困惑不解，它们只会加重你的焦虑感。你身边至少得有一个始终能保持积极态度、不会给你造成混乱的人。

曾有一位初次怀孕的妈妈非常沮丧地哭着来到我的诊室对我说："干洗店老板说我的胎儿太大了。"

她的胎儿已经超了预产期，这位孕妇情绪上非常脆弱，干洗店老板的话突破了她忍耐的极限，弄得她哭了一整天。我敢肯定，干洗店老板其实也是出于好意，而且她肯定非常擅长自己的工作，但对产科知识还是知之甚少的。

因此，看事情请简单化，尽量少去网上搜索，也不要拿自己的妊娠状态或者自己的新生儿宝宝与闺蜜或者姐姐家的情况进行对比，不要让自己变得焦虑并产生不必要的担心。所有的宝宝都是各不相同的。

当然妊娠阶段中肯定不乏欣喜、兴奋和喜悦，但也有怀疑和不确定，有时还有更负面的情绪，如恐惧、易怒、沮丧甚至是愤怒。这些情绪往往会在下意识里不由自主地出现在人类大脑较原始的区域中。虽然产生各种情绪都是正常现象，但当我们陷入强烈情绪状态而不能清晰思考并做出明智反应时，就会造成很多麻烦。

感到有压力并不是我们的错。压力是一种强大的身心反应，是几世纪以来人类大脑中一直存在的固有感觉。人们每天遇到外部环境中切实存在的安全威胁时，就会产生压力反应。这种人类大脑的固有机制会令我们面对威胁时天然决定尽快规避危险，留到事后再去思考。一旦威胁反应被激活，就会极大地影响大脑功能，将信息处理过程与额叶区控制的各项复杂能力有效阻断，比如我们的创造力、横向思维能力和直觉，而这些恰恰是我们应对哭闹婴儿或是伴侣有负面情绪时应该具备的技能。

黛安娜·科雷瓦医生

准备生育，从列一份稳妥的购物清单开始

如果你愿意为新生宝宝置办服装和家具，那会花掉你很多钱，但是这些物件和玩具并不都是必不可少的。

一辆结实耐用的婴儿车才是你需要的重中之重。市面上有数百款产品可供选择，所以你大可四处逛逛，找一辆高度合适的婴儿车，这样你就可以舒舒服服地推着它散步了。要确保婴儿车上有足够的空间用来存放婴儿用品，比如妈咪包和孩子的衣物，还要确保你能十分轻松地将婴儿车从汽车里搬进搬出。相信我，来回搬婴儿车的活儿你日后可少干不了。

一定要确保婴儿车符合国家安全认证标准，并且配有结实的安全带。你过去那些只带一个包和一串钥匙就能轻松出门的日子马上就要一去不复返了！

在婴儿出生前，有必要将家里整理得井然有序。

婴儿床是另外一样不可或缺的物品。你选购的婴儿床必须符合规定的安全标准，如果不打算用摇篮的话，可以从宝宝回家第一天起就将他放在婴儿床里。

你将来要给宝宝换很多次尿布，所以得让换尿布的桌子或区域的高度适合你的身高，而且还能伸手够到所有必须的物品——尿布、衣服、乳液和药等。

切勿将宝宝单独留在换尿布的桌上、床上或是沙发上。即使新生儿还没发育到翻身阶段，也可能因为扭动和蠕动，不到一分钟就掉下来。我接到过很多父母打来的电话，痛苦地说他们的宝宝从换尿布的桌上、床上或沙发上摔了下来。如果你要离开房间，请将宝宝放在婴儿床里或是地垫上。我们从一开始就应该记住：如果你的目光不在婴儿身上，就得把手放在婴儿身上。从婴儿出生第一天起，为了防止他从高处跌落，这种做法就得变成常态。

在婴儿房里放把舒适的座椅确实是个好主意，这样一来，母亲或给婴儿喂奶的人就能舒适和轻松一些。

我建议你在入院分娩前买个电动消毒器、一些奶瓶和一些配方奶粉。在你身体疲惫或是注意力不集中时使用微波消毒器或沸水消毒可能会有事故隐患。关于奶瓶，其实你买什么样的奶瓶都没关系，因为婴儿的目的只是用它来吸吮奶水。我的建议是准备又长又厚的奶嘴，而不是买又短又圆的奶嘴。

现在市面上有很多婴儿监控器，但是并不是所有人都想购买或是需要用婴儿监控器，还有很多家长会让小婴儿与自己同住一个房间直到半岁大或一岁大。还是那句话，要怎么做全由你做主。大多数婴儿监视器不仅具有声音和动作识别功能，还有视频功能，可以让你观察到婴儿的睡眠情况。

让我感到惊讶的是，市面上居然有这么多款婴儿浴盆可供选择，但其实一个简简单单的大洗澡盆才应该是你真正需要的。别买那些带有洗澡架的澡盆，因为新生儿很喜欢漂浮在温暖洗澡水里的感觉，完全没必要让婴儿坐在浴盆里。你用手牢牢托住婴儿，他会在没有洗澡架的澡盆里浮起来放松全身。给婴儿洗澡对家长和孩子来说都应该是又美好又安全的亲子时刻。

人人都喜欢刚出生的小婴儿，孩子出生后，你会收到亲朋好友慷慨馈赠的各色礼物和许多衣服。但请谨防那些好心送来一袋袋旧衣物的朋友。有时候，他们就是利用这种方法来清理闲置婴儿衣物并把它们像垃圾一样抛给你。这些都需要你坦率面对，搞明白自己想怎么做。

重要的是给婴儿买几条裹布。我推荐用轻薄的纱巾，尺寸大约为 1.2×1.4 米。你得准备 10 条裹布、至少 10 件小背心和 10 件可供替换的婴儿衣服。婴儿大便时，不仅会发出令人吃惊的巨大声响，就连便量也多到超乎你的想象，所以你要在手边准备很多可供替换的衣服，特别要在装尿布的妈咪包里也放一些，因为婴儿经常会在你出门在外并且毫无防备的情况下拉 屁屁！

如果你打算母乳喂养，请购买专业人士量好尺码的文胸。 在妊娠期前六周以及产后，乳房都会膨胀变大，往往产后3~5 天就能充满奶水，所以你得确保乳房充盈奶水时可以完全兜在 罩杯里。

我见过很多产妇戴着小码的蕾丝文胸，勒着丰满而鼓胀的 胸部，她们看起来很不舒服。现在可真不是追求性感迷人的时 候！大多数大商店都在内衣专柜雇有专业的文胸测量师。请把 文胸带到医院来，并在产后第一天就穿上它。你可以在妊娠期 穿戴钢圈文胸，但是不能在哺乳期穿戴钢圈文胸，因为文胸里 的钢圈会挤压饱满而敏感的乳房，给乳房组织造成伤害。

而且，请不要给婴儿戴手套。因为婴儿会本能地把手放在 嘴边，进而可能会咬住手套并把它扯下来，造成窒息的危险。

生育时，需要完成哪些准备

最好在妊娠期第34周就把入院行李收拾妥当，如果你愿意 的话，还可以更提前一些。如果你正怀着双胞胎或三胞胎，所 需的婴儿衣服则要翻一倍或两倍。

一份最终检查清单

·如果即将出生的不是你家的头胎宝宝，请安排好家人朋友帮忙照顾家里已有的孩子。把他们的电话号码贴在冰箱上方便随时联系。

·请将你的血型检测结果和白带B族链球菌检测结果放在收拾好的行李箱中。B族链球菌是在20%的女性的阴道中发现的一种细菌，只对阴道分娩的婴儿有影响。妊娠第36周时会对孕妇进行一次阴道拭子检查，看看是否存在这种细菌。如果检查结果呈阳性，母亲就得在分娩期间使用抗生素，婴儿也要在出生后使用抗生素。

·请在妊娠期第34周时收拾好入院所用的行李箱（包括婴儿的衣物）。

·收拾妥当后，请把行李箱放进汽车后备厢里，这样就算为分娩发动做足准备了。

入院所需物品清单

妈妈的物品

·深蓝色或黑色弹力裤（4条）

·用于哺乳的舒适的T恤衫

·内裤：请买黑色内裤

· 尺寸合适的文胸（3件）

· 防溢乳垫

· 产妇护理垫（3包）

· 舒适的鞋子 / 拖鞋

· 用于夜间哺乳的睡衣

· 盥洗用品

宝宝的物品

· 连体服（7件）

· 小背心（7件）

· 纱巾（7条）

· 帽子（2顶）

· 出院回家时穿的衣服

· 婴儿指甲软锉

· 纸尿裤和婴儿湿巾（如果医院不提供，就请带上）

· 配方奶粉和奶瓶

附加事项

· 血型检测结果

· 医生给你做过的所有检查报告，比如B族链球菌检查结果

· 你的另一半的换洗衣物

· 手机、笔记本电脑、相机充电器和（或）电池

· 塑料袋，用于收纳需要带回家的脏衣物

· 拿一些旧毛巾和大塑料垃圾袋。万一羊水破了，你可以把塑料袋放在汽车座椅上，然后再在塑料袋上铺层毛巾。羊水会损坏汽车皮革座椅！此外，请在双腿之间夹着护理垫和毛巾，因为有些羊水可能还会持续涌出。

· 打开消毒器的包装，学会如何操作。等你们夫妇二人都睡眠不足时，哪怕想组装一个简单的小物件可能都显得很困难。

· 了解有关婴儿提篮的所有信息，学会如何为婴儿系好安全带。

· 给汽车加满汽油——这听起来不值得一提，但你知道有多少汽车开到来医院的半路就没油了吗！

· 安顿好或找人代为照顾你家的宠物。

第三章

宝宝生日快乐——我当妈妈了！

每位产妇的分娩情况不尽相同。大多数产妇倾向于阴道分娩，但与此同时，我们也非常关心母婴双方的平安健康。我曾亲历过无数次婴儿降生的场景，妈妈们的反应也各不相同。我始终清晰记得我儿子即将娩出的那一刻，那位我既叫不上名字也没看清脸庞的出色助产士对我说："两分钟之内，你就要当妈妈了。"我当时听到这话真的很激动，而且时隔22年，这句话依然萦绕在我的脑海中。

哪怕产后可能会疲惫不堪，但是一朝分娩初为人母那天，定会是你人生中最美妙最激动难忘的日子。

如何选择医院与分娩中心

我在医院及分娩中心产科病房工作了40年，还亲历过一次家庭分娩，其间，我发现产后护理领域发生了很多变化。20世纪70年代时，产妇分娩后要在医院住10~14天。现在的许多新生儿妈妈似乎难以接受住院这么久，我自己也觉得时间有点儿长，但是我们这些医务人员确实更了解这些妈妈，而且她们在医院还能得到持续性的护理和良好的育儿教育。作为助产士，我们也确实看到过许多新手妈妈刚一着手照顾新生儿时就会遇到各种棘手的问题。

在我早年当助产士时，就了解了婴儿出生前几天母体发生的各种变化。我们那时会耐心等待新妈妈开奶，从未在产后第一天就挤出1毫升母乳装在注射器里喂给婴儿喝。如果新生儿健康状况良好，我们一般不会用吸奶器或用手将奶挤出来。通常只有新生儿患病或早产的情况下，我们才会用到吸奶器。我们会花时间与产妇待在一起，坐下来教会她们如何让婴儿正确含接乳头，并为她们提供指导和支持。

　　孩子出生前6周发生了很多事。我只想说，我家文件柜里现在还存着你手写的便条，告诉我应该如何仔细安排白天和晚上生活的诸项事宜。盐水浴；先自己铺好床，这样一旦宝宝睡下你就可以休息了；晚上稍晚些再给宝宝洗澡，这样你只起一次夜就够了……诸如此类。我照顾艾米时用到了这些，日后再有宝宝的话肯定还能用得上！

奈　基

家庭分娩

一些家长认为家庭分娩很重要，但是这个领域不属于本书的讨论范围。本着知无不言言无不尽的态度，在接生过10000多名宝宝后，我并不推荐家庭分娩。在此期间，有很多次产妇分娩时需要在极短时间内获得专业医疗帮助的情况，因为这关系着母婴双方的生命和健康。不幸的是，分娩过程中依然会发生并发症。万幸的是，产妇一般发生并发症的概率很低。但是，对于那些意外出现并发症的产妇和新生儿来说，当务之急还是要立即找到合适的专业医务人员和医疗资源。

分娩与镇痛

在过去40年里，我们注意到妊娠、分娩、新生儿护理和产后护理等领域都取得了惊人的进步。由于我们日臻完善的医疗服务，产妇和新生儿都有了更好的预后。虽然医疗干预程度更高，但是这样做大大保证了更多产妇和新生儿的健康。

如果我们的祖辈当年能得到现在的医疗援助和干预，她们定会做出不一样的选择。我敢肯定老祖母们不会选择在家分娩，她们也会在妊娠期进行超声波检查，了解胎儿的健康和生长状况，如果有需要的话，还会在妊娠后期通过胎心监护进行早期诊断，确保胎儿在子宫内发育正常，并在分娩时监护胎儿是否存在宫内窘迫的情况。在母婴生命安全得到保障的前提下，她们甚至可能会选择通过剖宫产手术和催产的方式确保婴儿健康顺利出生。我相信老祖母们也一定会喜欢硬膜外麻醉，这种麻醉对产妇的风险很低，对婴儿亦没有影响，可以实现无痛分娩还能缩短产程。

直到 20 世纪 70 年代中期，产妇止痛一直用的是海洛因。这虽然听起来很可怕，但是海洛因对产程较长的初产妇来说尤其有效。可问题是，她们产后对分娩的记忆寥寥无几，而且海洛因对产妇尤其是新生儿的副作用非常大。但当时确实没有太多其他的选择余地。

医院弃用海洛因后，出现了麻醉性止痛药哌替啶，将这种药物用于产妇分娩的做法一直沿用至今。哌替啶药效很强，对婴儿有直接影响。虽然这种药的镇痛效果很好，却不适用于产妇分娩。

究其原因，大多数在分娩时用了哌替啶的产妇都说这种药让她们觉得不舒服，不起作用，而且出生婴儿往往对哺乳不感兴趣，也不活跃。没人会将这些告诉产妇，而且分娩期间供产妇使用的镇痛药也几乎只有哌替啶。

唯有两样东西能消除分娩的痛苦。一个是硬膜外麻醉，另一个便是把婴儿娩出母体！现如今，孕产妇学会了饮食方面的各种禁忌——不要饮酒，不要食用软奶酪等等——但是我们的医疗系统却仍在使用强效麻醉性镇痛剂，比如会对婴儿造成直接影响的哌替啶！这一点一直令我感到费解。

自从产妇分娩时开始使用硬膜外麻醉以来，澳大利亚现行私立医院对初产妇进行硬膜外麻醉的使用率为50%～60%，公共医疗系统的使用率为35%～40%。在20世纪80年代，硬膜外麻醉的不利之处是由于它们效用极强，导致产妇在分娩时完全没有知觉，最终肯定只能会阴侧切和产钳助产。这种创伤对新生儿妈妈们来说是非常痛苦的。我对分娩镇痛的态度已经完全改观了。20世纪80年代早期，在我主管的墨尔本一家分娩中心由我和其他几位助产士负责接生的产妇还没享受到无痛分娩。我把全部心思都放在了这一领域的实践上，因为我很关心产妇接受麻醉止痛的方式，她们几乎别无选择，只能自主分娩或无药分娩。

现如今，如果产妇想用硬膜外麻醉的话，我会鼓励她们这样做，因为这对婴儿没有影响，而且产妇也能感觉自己在掌控一切，并能头脑清醒地参与分娩过程。硬膜外麻醉不仅能充分缓解疼痛、缩短产程，还能令产妇分娩后恢复得更快。对于正在分娩的产妇来说，硬膜外麻醉可以让她有足够的知觉来娩出胎儿，有时甚至不会发生会阴撕裂或不需要侧切。

使用硬膜外麻醉的理由

- 免除分娩时的痛苦
- 安全
- 对婴儿没有影响

·由于使用催产素加快了分娩宫缩，待产妇宫口扩张更快

·产妇在分娩时感觉更有控制力

·创伤痛苦更少

·产妇身体恢复更快

关于硬膜外麻醉的不实说法

·是否会增加剖宫产的风险？否

·是否会对婴儿造成直接影响？否

·是否会令产程加长？否

硬膜外麻醉的副作用

·头痛

·背痛

·感染

·阴道分娩失败

·神经损伤

给陪产家属的建议

绝大多数家属都会为婴儿出生而激动万分，但我确信，他们内心深处其实很焦虑，不忍亲眼看到自己的爱人经历这般痛苦不适而且无法自控。这其实是人之常情：就连初为人父的医务人员也是如此，即便他们先前在产科病房及手术室的工作再得心应手，也会在妻子分娩时变得万分焦虑和紧张。准妈妈可以指定某位家属进入产房陪产，当然也取决于医院的相关规定。

在产房里，助产士们会就当前情况及分娩进程向陪产家属进行解释和建议。下面是产妇分娩过程中陪产家属能提供的一些帮助：

· 搂住产妇的头。

· 安慰产妇，说她做得很好。

· 每次宫缩后让产妇用吸管喝口水。

· 如果产妇觉得这样舒服的话，可以在她额头上或脖子后面放一条冷水浸湿的小毛巾。

· 确保你自己要吃饱喝足。

· 如果你感到头晕或有点恶心，坐下来告诉助产士。

亲眼看着婴儿出生真的是一件非常美妙的事情。即便很多人说他们不打算见证分娩过程，但是等到婴儿真正出生的那一刻，绝大多数家属还是很乐意在产房里看着胎儿从母体中分娩出来的时刻。

刚出生的婴儿看起来根本不像影视作品中出现的那些宝宝，因为那些"新生儿"通常都是 6 个月大的婴儿涂上草莓酱扮演的。刚出生的婴儿一般肤色偏青紫或偏白，身上往往还带着血、黏液和胎脂（这是包裹在人类出生胎儿身上的一种光滑的白色油脂）。

有些婴儿一出生便能啼哭，有些则需要一点触觉刺激才能开始哭泣，但是，婴儿出生的第一声啼哭肯定会是你此生听到的最动听的声音。（而后，在接下来的几个月里，你可能就会想方设法阻止婴儿哭闹了！）

出生时宫内窘迫的婴儿需要帮助才能自主呼吸，所有医务工作人员都接受过全面培训，因而知道如何帮助那些出现过宫内窘迫的婴儿。

大多数医生都会给陪产家属剪断脐带的机会，这一行为标志着婴儿正式脱离了母体。如果不太敢剪脐带，可以由助产士和医生代剪。

就快到预产期时，我们的小女儿却转成了臀位。万幸的是，现代医学技术很发达，可以让我安全分娩，但我分娩的时机似乎有点不妥。在女儿出生前一周，我丈夫罗伯被派到美国去工作了。就在那时，凯瑟琳和我母亲联合起来，一起充当我的"陪产丈夫"，我们现在仍然喜欢这样称呼她。

　　不用说，我那时正处于一种全然未知的境地，这是我第一次生孩子，我变得神志不清，甚至还问凯瑟琳她之前生没生过孩子。她对此一笑置之，就像她一贯的处事态度那样，然后便一直紧紧握着我的手，直到最后一刻。

　　分娩那天，她不顾任何规定，将我们的宝贝女儿呱呱坠地的过程拍摄了下来，就这样，几分钟后，身在美国新墨西哥州某个山顶的罗伯通过平板电脑看到了他女儿出生的整个过程。

　　他一刻也没有错过。那天之后，凯瑟琳还给我提供了很多帮助，给了我无尽的支持与建议。她为我们的生活留下了美好的痕迹，我将永远记住她……还有她那绯红的口红和微笑的脸庞。

阿伊莎

　　凯瑟琳拍的是我此生看过的最棒的视频，我实在太感激她为我们所做的一切了。

罗伯

产后第一个小时要做的 10 件事

现在，发条微信便能在几秒内把婴儿出生的喜讯传遍全世界。最好在你的手机上建立一个群组发送列表，这样的话，只需发送一条微信就够了。一旦发出喜讯，你的手机就会沦陷，所以你得注意自己发送喜讯的时机。会有成百上千个人回复你——因为大家都爱听到新生婴儿诞生的喜讯。所以，请你少安毋躁：好好享受一下只属于你们三口人的宝贵家庭时光吧。

产后第一个小时要做的 10 件事

·看看你家宝宝漂亮的脸蛋。

·保持母婴皮肤接触（给婴儿盖上一条温暖的毯子，让他保持温暖，因为他的身体可能还是湿润的，而且体温会迅速下降）。

·闻闻小婴儿：新生儿的味道闻起来是非常美妙的。

·数数婴儿的手指和脚趾。

·让助产士为你们夫妇二人和刚刚出生不久的小宝宝拍张合影。

·亲吻婴儿。

· 跟小宝宝问好，告诉他你是谁。

· 看看你的另一半，这可是特殊的时刻。

· 检查婴儿的生殖器——即使你知道自己宝宝的性别，也可以检查一下。

· 好好享受每一分钟。

产褥期该如何准备

现在，祝贺你！你做到了，你生下了一个宝宝。惊喜之余，也会令你的生活发生很大的改变。这些变化会让人措手不及、周身疲惫，却又是那么不可思议，需要你鼓足勇气去勇敢面对。有些产妇会出现哆嗦、颤抖、恶心的症状，也可能在分娩时随着身体反应当即就会呕吐。一方面，你疯狂地爱着自己的孩子，但是除了这种爱以外，你通常还会产生一种疲惫与解脱并存的感觉。

婴儿出生前几个小时，有时会很警觉，四处张望。现在是时候检查一下你的宝宝了，看看他的手指和脚趾是否齐全，再看看这张你一直期盼的漂亮脸蛋。有些婴儿尤其是剖宫产婴儿出生后口腔和喉咙里会有很多黏液。婴儿有"黏液"时，他们可能会干哕和（或）将黏液呕出。如果发生这种情况，请竖着抱起你的宝宝，如果你担心他，请立即叫一位助产士给他检查一下。

　　婴儿出生不久就要注射维生素K，免疫接种计划则是从注射乙型肝炎疫苗开始的。负责照顾你的助产士在婴儿出生前和出生后都会向你详述这些疫苗。

　　1952年，美国产科麻醉学家弗吉尼亚·阿普加医生开发了一套评分系统，可以用来评估产科麻醉对婴儿的影响，直到今天，每个新生儿出生时还会用到它。阿普加评分用于评估新生儿出生时的状况，可分为5个简单的标准，评分范围从0分到2分，然后得出这5个分值加起来的总和。健康婴儿在出生时能得到阿普加评分10分中的9分（通常扣掉1分是因为婴儿出生时肤色青紫）。下一页，你可以看到一份阿普加评分表的示例。

　　等婴儿降生的兴奋与喜悦渐趋平静，医生和助产士对母婴状况都很满意后，产房就会突然安静下来，变得空荡荡的，只剩下你们三口人在那里，这时你可能会开始想：刚刚发生了什么？这真是一种虚幻而令人兴奋的感觉。

　　产后最初几个小时会给新手妈妈造成一种错误的安全感。你会认为，我的宝宝最棒，因为他只想吃吃睡睡。但是只要等到宝宝出生第二周，他就会变得不爱睡觉而且哭闹恼人了！

　　婴儿出生后，身体赤裸的状态下会做出一系列原始反射动作。莫罗反射也叫惊跳反射，是婴儿为了获取安全感而将手伸出来试图抓住母亲或其他人的动作。要记住，婴儿只有在子宫里才会感到安全——当他移动时，子宫壁会给他的动作带来缓冲。这就是我为什么要鼓励你在婴儿满半岁前都要将他包起来喂奶和睡觉的缘故。

你在产后会有很多恶露，比经期第一天时的经血量还多，但在接下来的 6 周时间里，随着子宫逐渐恢复原状（子宫恢复到孕前大小、形状和在骨盆内的位置），恶露会慢慢减少。恶露量逐渐变少的同时，颜色也会随之变暗。如果你在任何时候发现阴道出血并有刺鼻的异味，或是出现大量流血现象——我的意思是恶露顺着双腿倾泻而下——你就需要找医生检查一下了。

阿普加征象	2	1	0
外观（肤色）	全身肤色正常（四肢粉红）	肤色正常（但四肢青紫）	全身青紫或苍白
脉搏（心率）	正常（大于每分钟100次）	小于每分钟100次	没有心率（没有脉搏）
表情（刺激反应）	受到刺激后，婴儿出现蹬踹、打喷嚏、咳嗽或啼哭	只有皱眉等轻微反应	无反应（对刺激没有任何反应）
活动（肌张力）	动作活跃、自主	四肢略屈曲	无动作，四肢松弛
呼吸（呼吸均匀）	呼吸均匀、哭声响亮	呼吸缓慢而不规则，哭声微弱	无呼吸

大自然会将一切安排妥当

母亲哺乳时会释放出荷尔蒙，所以当婴儿吮吸乳头时，不仅能刺激乳汁流出，还会刺激母亲的子宫收缩，帮助它恢复原状。在母乳喂养的最初几周，你可能会觉得有一股股恶露涌出，同时在哺乳时和哺乳后还会出现一些月经痉挛般的疼痛感。由于恶露在阴道中不断汇集，在你去厕所或站起来四处走动时，就会把聚在一起的恶露（血块）排到马桶里或是护理垫上。子宫会在分娩6周后恢复到孕前位置，为再次怀孕做好准备，但是这件事不宜操之过急。

产妇会发现产后疼痛极其痛苦，需要强效镇痛药来止痛（一些产妇说产后疼痛不亚于分娩疼痛，甚至可能比分娩疼痛还更严重一些）。

昂贵的紧身底裤其实无法帮助子宫更快复原，是你的大脑和荷尔蒙在自然而然地为身体提供帮助。我看到很多产妇在产后身体依然不适的情况下就穿上了紧身内裤。我并不建议这样做，最好等到你痊愈后，让你的机体用3~4周时间好好恢复一下，然后再穿紧身内裤也不迟。

经过这一切后，你可能会谈性生活而色变，更别提再怀一个宝宝的事情了。但是，会阴部位其实不太记仇，而且它能愈合得很好。当身体好好恢复6~8周后，你就可以重新有性生活了！

做好产后恢复

一旦你完成分娩，医生和助产士便会开始关心你排恶露的事，等硬膜外麻醉渐渐失效后（如果你使用了硬膜外麻醉的话），洗完澡就能把你转移到产后病房去了。你要在那里好好休息，恢复身体，还要学会如何哺乳、裹褓褓、抱孩子、换尿布、给婴儿洗澡，以及在接下来几周内需要掌握的所有其他技能。

产后次日，你可能会觉得精力充沛、精神饱满。但是你才分娩不久，身体还需要时间恢复。即便采用的是阴道分娩，阴道附近也会变得非常敏感脆弱。不要害怕找医生要止痛药吃，因为强忍疼痛换不来任何奖赏。

阴道分娩有侧切的话，你会觉得非常疼，需要每4~6小时吃一次止疼药。使用抗炎药物进行产后止疼，可以帮助产妇对付产后疼痛、会阴侧切疼痛和乳房充血胀痛。

剖宫产后，你的腹部会觉得很疼，需要服用强效止痛药。剖宫产手术后的第一天，你会感到疼痛无比，需要好好休养。你得进行产后恢复，因为这是一次腹部大手术。请正视你的疼痛，不要回避服药，因为疼痛会使人变得十分虚弱。

你会体会到缺觉的痛苦，又有孩子嗷嗷待哺，屁股或肚子也很疼，还要应酬前来探视的众多亲朋好友——所有这些都会让你感到精疲力竭。止疼药非但不会影响你的宝宝，还能为你消除疼痛。不要担心药物可能会导致便秘。我总是告诉那些新手妈妈说可以吃止疼药，因为最重要的是先止疼，然后我们自有办法能治好她们的便秘。

请别看你的会阴（侧切伤口那里）。我接到过许多苦恼的产妇（和家属）打来的电话，她们因为会阴肿胀、瘀伤和缝线明显等问题，认为自己遇到了各式各样的麻烦——通常情况下，缝合伤口的线会随着伤口愈合自行脱落。如果口服止疼药也不管用的话，你得找医生检查一下，而不是拿出镜子照来照去。

作为专业医务人员，我们知道会阴应该如何恢复和痊愈，也清楚它在各个恢复阶段该是什么样子。尽管我们知道这类伤口很疼，但它也得经过疗愈的过程才会彻底摆脱不适感。就像任何伤口一样，身体会立即开始愈合过程，但是需要一定的时间。设想一下如果你腿部严重擦伤时的情形，第一天伤口很疼，然后开始变色，到了第二天仍然非常肿胀。随着时间的推移，你还会觉得伤口在彻底好转前会有一阵变得更糟。剖宫产伤口和会阴侧切伤口自然也不例外。你要耐心对待身体的康复过程，服用些止疼药，每天洗个盐水浴（在浴缸里加点食盐），如果你有任何顾虑，请联系你的主治医生或分娩医院咨询一下。

在你大小便后，请用温热的自来水（用塑料瓶或水壶装着）将私处冲洗干净，然后用洁净的毛巾蘸干私处并换上新的护理垫。产后最初几天使用冰袋并持续服用止痛药都有助于消肿。

由于剖宫产后需要恢复，哺乳又有问题，孩子出生前 6 周对我来说相当凄凉。我本以为一切都能顺其自然，到时候肯定能知道自己该怎么做，但现实情况却与我过去 10 个月的想象差距甚远。

我很快学会了不要苛责自己，也学会了如何读懂宝宝的暗示，知道了应该如何相信自己，不要总是按照周围人的建议去做。但最重要的是，我发现孩子的幸福才是最重要的，如果我得调整那些宏伟的育儿计划才能让孩子高兴的话，比如从母乳喂养变成配方奶喂养，也都完全不成问题。

凯　特

初次哺乳

对母婴双方来说，产后初次哺乳都是最重要的一次哺乳经历。之所以这样说是因为你终于将期盼已久的宝宝揽入怀中了，而你的小宝宝也已经做好了吸吮乳汁的准备。如果你的孩子是健康足月出生的婴儿，他往往会非常警惕，喜欢啼哭，并且随时准备用力吸吮乳房。婴儿出生几个小时就能吮吸乳汁，然后睡上一阵子。如果你的宝宝身体健康，足月出生并且体重合适的话，睡一段时间无碍安全。因为胎儿在子宫里一直喝着羊水，所以现在他身体所需的水分还很充足。即使婴儿吮吸了很长时间，也不会吸出太多初乳，但这些初乳里却含有丰富的热量（千焦耳／卡路里）。同时，初乳也是婴儿最初的助泻剂，能让他在出生数小时内排出胎便（婴儿人生中的第一次大便）——你要为他更换人生中的第一片尿布了。

将出生后的婴儿包裹起来，为他保暖，让他有安全感，这是非常重要的。以后还有很多时间可以进行母婴皮肤接触，但是，如果不裹住婴儿，他的体温就会下降。喂奶时要给婴儿包好裹布，而后就这样裹着他睡觉即可。

排除可能存在的任何明显的身体异常

大多数婴儿出生前几天，也就是在你住院期间都很爱睡觉。有几个原因：其一便是婴儿出生后要经历几小时的自然休眠状态。助产士们会鼓励新手妈妈在足月出生的健康婴儿出生几个小时内尚处于比较警惕和清醒状态时给他好好喂一次奶，因为我们知道此后婴儿会睡很长一段时间（但是如果婴儿早产、生病或住在特别护理病房，这种方法就不适用了）。

婴儿足月出生时，医生、助产士，有时还有儿科医生会对其进行体格检查。儿科医生则会在剖宫产手术时负责新生儿护理。健康婴儿的肤色良好，肌肤张力良好，能很好地吮吸乳房，可以经常排尿、排便，脱衣和换尿布时会啼哭，吃饱后能在自己的小床上或家长的臂弯里酣睡。

如果你担心宝宝的健康，请尽快咨询医生。对于不到6周大的婴儿来说，最好的选择就是去就近的医院找那里专治新生儿和小月龄婴儿的医生。

就像对病人进行的任何身体检查一样，新生儿检查是为了筛查并排除可能存在的任何明显身体异常。高达 10% 的婴儿在出生时存在或大或小的身体异常。

下面这份检查表是儿科医生对所有孩子例行检查时都会涉及的检查项目。婴儿体检通常是在婴儿出生两天之内进行的，如有特殊需要，在婴儿出生前也有可能进行。这份检查表非常详尽，有助于你了解儿科医生的检查内容。作为专业医务人员，我们见识过很多健康的婴儿，因此通常能够很快识别出那些不太健康的婴儿。我们能发现并诊断出婴儿身上任何看起来不正常的地方，并对你做出解释。

你的妇幼保健护士也将在第一次和随后的访视中对婴儿进行复检。医务人员需要 15 分钟来完成体检工作。下文罗列的是医生需要检查的有关项目及检查原因。

首先，医生会询问你的分娩情况，因为对他来说，了解婴儿在分娩过程中或出生后是否有问题是很重要的。此外，医生还会询问你的喂养方式（纯母乳、配方奶或混合喂养），以及：

· 婴儿是否存在任何呼吸障碍？

· 婴儿出生时是否进行过任何复苏抢救或是需要帮助才能自主呼吸？

· 是否存在先天性家族病史，如心脏病？

· 是否存在家族性髋部疾病？

· 你的宝宝是否已经完成了第一次排便（胎便）？

· 你的宝宝是否已经排尿？

然后医生会脱掉婴儿的衣服，打开尿布，等婴儿准备好后就开始检查他的生殖器官。

我的好友兼同事，儿科医生布兰登·陈对新生儿检查内容进行了详细的解释。下面的清单具体说明了医生要检查的主要系统/部位，以及具体的检查内容。当然，这份清单也并非详尽无遗，难免会有疏漏的地方。

· **头部** 头形外观是否正常？是否存在头骨骨缝（颅骨各块骨板之间的缝隙）？前后囟门（婴儿头部最柔软的地方）是否尚未闭合？

· **面部** 颜面特征及外观是否正常？是否存在唇腭裂？

· **眼睛** 是否存在红色反射（"红眼效果"）？异常的红色反射可能说明患有先天性眼部疾病，比如白内障。

· **上肢** 每只手是否都有 5 根手指？手臂外观是否正常？锁骨是否骨折？（肩难产可能会造成锁骨骨折——肩难产指的是阴道分娩过程中肩部难以娩出母体的情况。）

· **肺部** 用听诊器听双侧肺呼吸时，呼吸是否均匀？在新生儿阶段，呼吸障碍是非常常见的现象，通常是由于感染、肺部尚未发育完全或肺内积留羊水造成的，被称为新生儿湿肺。

· **心脏** 用听诊器听心脏的声音，是否存在心脏杂音，有杂音表明可能患有先天性心脏病。

· **腹部** 腹部是否存在异常肿块？有时肝脏、脾脏等器官可能会超出正常器官大小，或者腹部可能有不正常的发育情况。

· **髋部** 双胯是否平衡稳定？运动时是否会发出咔咔声？是否存在髋臼脱位？这项检查可以诊断一种名为髋关节发育不良的先天性疾病。

· **生殖器** 生殖器外观是否发育正常？男婴是否具有两枚睾丸（男婴如果患有尿道下裂，阴茎和包皮的形成方式可能会有所不同。有可能存在睾丸未能自行下降的情况）？

· **肛门** 是否有肛门？有些非常罕见的情况下，婴儿未发育形成肛门。

· **下肢** 每只脚是否都有 5 根脚趾？腿关节和腿部其余部分外观是否正常？有可能存在骨骼发育异常或脚趾发育异常的情况。

· **背部** 后腰部位是否存在腰窝？这可能是脊柱裂的一种形式。

· **肌张力** 四肢和躯干肌肉是否具有肌张力？婴儿是否可以均匀移动四肢？如果不能，可能说明婴儿的神经或神经功能存在问题。

关于新生儿你可能不知道的 10 件事

· 新生儿会发抖，就好像他们很冷一样（胎儿在子宫里也会发抖）。

- 有时候，新生儿睡觉时眼珠会转来转去。
- 新生儿的呼吸并不规则。
- 新生儿会噘起嘴唇。
- 如果新生儿呕吐，有时呕吐物也会从鼻子里流出来。
- 新生儿的耳朵和后背上也长着很多毛。
- 新生儿的生殖器肿大。
- 新生儿整晚都很吵闹。
- 女婴的阴道会流出黏液和血液。

出生时不健康的婴儿或早产儿

并非所有行事准则对所有出生4~6天的婴儿都适用。还有一些宝宝是早产儿、糖尿病母亲新生儿、体积过小新生儿、低体重新生儿、先天畸形新生儿、呼吸障碍新生儿和患有黄疸病的新生儿。上述所有这些婴儿都得区别对待。

早产儿住在特殊护理育婴室。有些早产儿非常容易疲倦，而且身形太小，根本无法完成吮吸动作，所以得用一种被称为胃管的小管子通过鼻子插入胃中，然后用配方奶和母乳进行辅助喂养，好让这类婴儿在睡觉和成长过程中进食。待他们变得足够强壮时，就可以直接吮吸乳房或使用奶瓶了。

这类婴儿最开始需要每天吮吸一瓶奶，外加6~8次管饲，逐渐演变成用瓶饲次数增多而管饲次数减少，再到直接哺乳次数增多而瓶饲次数减少。这一切都是在特殊护理育婴室里，在儿科医生的指导下和助产士的护理下有条不紊地逐渐完成的。

如果糖尿病母亲所产婴儿的血糖偏低，可能需要在出生1~2小时内补充配方奶。足跟采血就可以测量婴儿的血糖水平。如果血糖量低，儿科医生可以要求妈妈给婴儿进行母乳喂养、配方奶喂养，或者婴儿血糖水平非常低的情况下，可以为其静脉滴注葡萄糖水，从而稳定血糖。这类胎儿在宫内生活时，一直汲取较高糖分，但是出生后，糖分水平会急剧下降，所以可能需要通过治疗来提高血糖水平。

足月出生但体重较轻的婴儿（2.5千克以下）通常会非常饥饿，他们不仅需要母乳，还需要额外的配方奶来帮助他们快速增加体重。这些婴儿的胎盘通常比正常婴儿的胎盘工作效率低，这也是他们会比一般婴儿身材瘦小的原因所在。

饥饿的婴儿需要食物，要么喝母乳，要么喝配方奶，要么两者兼有。在孩子嗷嗷待哺时让妈妈想方设法也要挤出1~2毫升初乳的做法其实根本不顶用，还会令妈妈产生不适和焦虑感。初乳是不会凭空消失的，如果婴儿因为饥饿而啼哭不止并且没有含住乳头的话，要想安抚他最明智的做法就是给他喂一些配方奶。你只要喂给他一点点，他就不觉得那么饿了，情绪也会变得更稳定。然后，他会在小憩之后含住乳头好好喝奶，让哺乳变得更有效率。此举简单易行，而且相当明智。

有呼吸障碍的婴儿需要住在特殊护理育婴室接受儿科医师

和助产士的特殊护理，直到能够稳定地自主呼吸为止。

黄疸

并非所有婴儿都会出现黄疸。胎儿在宫内的红细胞浓度很高，等出生后，身体会破坏不需要的红细胞，但是一些红细胞还是会引起皮肤黄染，导致黄疸。婴儿出生后最后一个被唤醒的器官才是可以代谢红细胞的肝脏，因此会令婴儿患上黄疸病。有些婴儿患有"母乳性黄疸"，是母乳中的酶引起的。一些婴儿的黄疸可能需要几周时间才能从皮肤上完全消退。

如果婴儿患有黄疸病，须在医院进行一项检查血清胆红素的血液测试，检测一下血液黄疸值。如果黄疸值超过安全水平，可能会让婴儿接受紫外线灯照射治疗，用紫外线去破坏皮肤中的红细胞。黄疸会令婴儿感到困倦，让他们无法好好吃奶。所以可能需要你将母乳挤出来，用奶瓶喂给宝宝或给他喝一些配方奶，从而让他保持身体里的水分平衡。等黄疸消退了，婴儿慢慢清醒过来，就可以重新让他含住乳头继续哺乳了。

低体重足月儿

如果你的宝宝体重偏低，你唯一要做的就是不停地喂奶。下面，我将着手介绍一下如何喂养低体重婴儿。这个婴儿在妊娠期第37~38周时出生，体重约为2.5千克。如果你太早催促低体重婴儿吮吸乳房，会令他非常疲惫，并且体重也会减轻。把母乳挤出来让他喝，再额外补充些配方奶，会让他的体重和力气都有所增长，也能让母亲在婴儿出生第一年的哺乳时间变得更久。

· 尝试每天挤5次奶，最后一次挤奶要在晚上10点时结束，然后睡一整夜，早晨5点醒过来开始第二天的第一次挤奶工作。

· 日夜不断地每隔3小时给婴儿喂一次母乳和（或）配方奶。

· 为了节省婴儿的体力，在他体重达到3千克之前不要给他洗澡。

· 一旦婴儿体重达到3千克并且渴望吮吸乳房时，就让他在每侧乳房都各吮吸10分钟。这顿奶就不用挤出来再喂了。

· 当婴儿逐渐变强壮并能吮吸乳房时，可以逐渐增加直接哺乳次数，减少挤奶次数。

· 每天晚上给婴儿洗完澡后，继续给他喂一瓶配方奶。

· 根据婴儿的需要，按需喂养。

舌系带过短

舌系带过短或称舌系带短缩，是一种先天性舌下系带过厚的情况，会导致舌头的活动性降低。大约5%的婴儿有轻微的舌系带过短。常见做法是，一些儿科医生、助产士和哺乳顾问会鼓励新生儿父母在婴儿出生前几天就将他的舌系带剪断。受过训练的专业医务人员会用无菌剪刀剪断婴儿舌下的系带。

我个人认为，舌系带剪断术是一种侵入性的、非常痛苦且完全没有必要的手术。我咨询过很多经验丰富的产科医生、耳鼻喉外科医生、口腔颌面外科医生和牙科医生，他们都认为这是一种对新生儿来说完全不必要的侵入性手术。一些专业人士告诉新手父母说舌系带过短是婴儿不吮吸乳房、造成乳头酸痛以及影响孩子日后说话的症结所在。这会让新手妈妈们变得万分恐惧。

如果我是一位不明真相的新手父母，有专业医务人士告诉我说舌系带会弄伤我的乳头，影响宝宝吃奶，还可能会影响他日后说话，估计我可能也会在儿子出生1~3天就把他的舌系带剪断了。舌系带严重的情况下，会令舌尖呈现出分叉状，一开始并不需要采取任何治疗措施，直到孩子长到足够大时，可在全身麻醉后由经验丰富的专业外科医生进行手术治疗。随着婴儿不断成长，舌部会发育得更为成熟，这也是不用剪断舌系带的原因之一。

要有耐心，顺其自然，等等看，这不是什么危及生命的情况。如果你的宝宝含不住乳头，可以先用乳头保护罩。乳头保护罩可以帮助舌系带过短的婴儿吮吸母乳，因为它可以增加乳头的长度，使婴儿顺利完成吮吸动作。所有舌系带过短的婴儿都能用奶瓶顺利喝奶，因为奶嘴很长，所以如果母亲戴着乳头保护罩来帮助婴儿含接乳头的话，他们也能很好地接受直接哺乳。在我的实践经历中，向来不鼓励任何父母剪掉孩子的舌系带，并且在我的帮助下，所有婴儿都能顺利含住乳头吃奶。

为什么要推迟剪断舌系带

要等到孩子 10 岁左右口腔中下排前面的恒牙长出后再让口腔和颌面部的外科医生对其进行适当的舌系带切除术。由于以下原因，不建议剪断新生儿的舌系带：

·对出生婴儿进行手术可能会对颌下唾液腺导管造成损害。

·仅仅切除舌下组织不能解决问题，因为牙槽嵴上附着的组织也应一并切除。

·随着孩子下颌骨的生长，尤其是横向生长，舌体面积会增大，可能就不需要做手术了。

约翰·柯廷先生

容易吵闹的宝宝

小婴儿会制造很多不同的噪音，而且声音还很大。最初，这一点可能会令人感到不安，因为你不知道他是什么意思。其实所有嘈杂的吸鼻涕声、蠕动声、哽咽声、咳嗽声和咕噜声都很正常，但是却吵得成年人晚上很难入睡。

这些声响在婴儿出生几周后就会消失，但是患有胃液反流的婴儿在晚上会特别吵。他们咕哝着，蠕动着，甚至听起来像是呛奶了，令新手父母变得非常担心焦虑。常有家长会录下宝宝的视频，让我看他们是怎么睡觉，怎么咕噜，怎么蠕动，怎么发出各种声音的，因为他们认为这么小的婴儿能弄出这么大动静实在太不寻常了。请各位家长放心，这其实是正常现象。然而，如果婴儿在任何时候肤色变得青紫或晦暗，请及时就医诊治。

有时候，你的宝宝吃饱奶后可能会连续打嗝。打嗝是因为婴儿肠胃里的肠气返上来了，这是正常的身体反应。我执业过程中接到的一半咨询电话都是关于肠气的。新手家长经常担心孩子胀气或者不打嗝。如果肠气没从上面（以打嗝形式）排出来的话，就会从下面（以放屁形式）排出来。

所有婴儿都有肠气，我们每个人都有肠气。这是一种正常的身体现象，不会危及生命。如果婴儿没有肠气，反而会令我很担心。如果你的宝宝身体健康，他就会好好喝奶，然后连续打嗝或打一个大嗝，也许同时还会放屁。不要为孩子自然发生的小动作而担惊受怕。他的肚子会咕噜作响，自然也会放屁。

我当初怀孕时，很多人问我宝宝出生后是否会和我睡一个房间，通常问完之后还沾沾自喜地咧嘴笑着说"婴儿很吵哦"。我想象着，可能会有几声鼻息或许是一两声可爱的咕噜声吧，却心想着：一个小婴儿还能发出多大噪音不成？

　　还真让那些沾沾自喜的人说对了！我们两口子初为人父人母，对婴儿发出的这些既恐怖又让人担心的噪声简直毫无防备，更甚的是我们的孩子还患有胃液反流。我们的女儿是在大约 10 天大时开始反流的，这使我俩几乎无法入睡。我们晚上曾试着让她躺在摇篮里，但是要不了几分钟她就会开始出声。

　　我丈夫形容女儿发出的声音是"肺炎患者溺水"。为了减轻反流症状，我们接受建议将摇篮床头的位置抬高了（还配合进行了药物治疗），但是她仍然会发出喘气声、呕吐声、吱吱声、咯咯声、哽咽声和吸鼻涕声。你简直不敢相信，一个小女婴居然能发出如此惊人的响声。即便我们打开白噪音重复播放类似子宫里发出的"哗哗"声，也无法止住摇篮里的宝宝发出的惊人响声。几周下来，唯一能让女儿睡觉时不发出这些可怕声音的方法就是让她竖着坐在我们怀里睡。

　　宝宝因胃液反流发出的声音真的很可怕，也难怪我们会仔细琢磨这些噪音并且觉得孩子可能真的病得很重。作为新手家长，真的很不忍心听到这些动静，但我们得不断告诫自己，我们的女儿没有生病，"只是"胃液反流而已。吵闹 9 周之后，我们的克洛伊宝贝终于好多了，也没那么吵了！

杰斯和查理

婴儿的肚脐

婴儿出生时，你的另一半有机会通过剪断脐带的方式"宣布婴儿脱离母体"。一旦脐带剪断并被护理人员剪短后，你就需要好好护理脐带残根了。很多年前，我们使用杀菌剂去清理脐带根部，脐带需要很久才能脱落，而且变得很臭，有时还会感染。现在我们只用清水清理，然后留给身体通过自然愈合完成接下来的工作。5~7天后，脐带残根就能自行脱落了。即便婴儿的脐带残根尚未脱落，也可以随时给他洗澡，这样做是很安全的。

在接下来几天里，肚脐会在开始风干的过程中逐渐愈合，就像任何正常的血痂一样。当它从皮肤上脱落时，你可能会在婴儿的小背心上发现一点血迹。不要惊慌，这很正常，只是因为血痂剥离皮肤而已。只要确保肚脐在任何时候都能清洁干燥就可以了。

如果婴儿肚脐发臭或周围皮肤发红，请咨询医生。至少要让肚脐在干净的状态下保持一周，脐带残根才会脱落。

让家属多参与进来

在我最初开始当助产士时，学到了"妊娠期的轻微并发症"。我心里想，胃灼热、便秘、痔疮、静脉曲张、恶心、呕吐、头痛、轻度肌肉痉挛、失眠和尿频，把这些都加在一起，还真不是什么"轻微"的症状。

虽然大多数家属都像准妈妈一样会为即将出生的婴儿感到兴奋欣喜，但是他们不用像孕妇这样经历体内荷尔蒙的变化。曾经有很多女人告诉我说她们的家属不理解自己的感受，事实确实如此。这些家属之所以理智是因为他或她的荷尔蒙没有发生变化。

> 我会鼓励所有新手爸爸尽可能多参与进来，陪妻子去复诊，读几本育儿书，多提问题，尽量多了解个中奥秘。我发现，通过这样做，在我们的宝贝儿子出生时，我竟然完全做好了准备。我很高兴自己能有这段经历，不再只是个旁观者，而是全程密切参与其中。
>
> 朱利安

是否想让另一半陪你一起住院，完全由你做主。有些家属喜欢睡在自家床上，而另一些则愿意全天都待在医院里（有些医院可以安排家属与新生儿母婴一起住在同一间病房里）。如果这是你家的第二个或者再往后的宝宝，你的另一半可能要回家去陪伴其他子女。有些人则会在待产妇住院期间去上班工作，等母婴出院回家后再请假休息。你应该弄清楚哪种方式最适合自己家的具体情况。

住院期间，你可以好好恢复身体，用心感受一下自己的宝宝，让助产士帮助并指导你如何照顾小婴儿。医院里的助产士们随时都很乐意为病人提供教育和帮助。

学会分析和判断，适合自身情况的育儿建议才是最好的选择

遗憾的是，在医院里，关于如何哺乳和照顾婴儿，你会听到很多相互矛盾的建议。4~5天时间里，可能会有15名助产士过来照顾你，相信我，她们每个人可能都会给你提出不同的建议！这会令新手家长感到非常困惑，往往在出院时比刚住进医院时更加迷茫。

作为新手妈妈，请相信你的本能和对孩子的爱。你的宝宝知道该做什么，你也知道自己该做什么！婴儿不需要学习如何吸吮，他天生就知道应该如何吸吮，因为这是一种原始反射，自然本能也要指引他活下来，小婴儿是不会让自己忍饥挨饿的。

因为分娩时和产后接受过药物治疗，你得保证自己能在产后第二天或第三天顺畅排便。住院期间，助产士每天都会问你是否已经排便，如果没排，他们会给你一些助泻剂，希望你能在出院回家前完成排便。如果你在家里，并且还没排便，可以吃一些轻泻药。

产后第一次排便时，你肯定不想撕裂伤口。这件事可能常常会让你担心焦虑，但是顺利排便后，就会感觉好了很多。如果你在回家后继续服用止痛药的话，一定要保证自己每天都能

顺畅排便。每天多吃些水果蔬菜，喝1~2升白水。

有效控制访客

新生婴儿的出生给家里带来了很多欢乐，亲朋好友都想分享你的喜悦和兴奋，但有时前来探访的亲友实在太多了，而且也来得太快了。接待访客可能会让你变得非常疲惫。请在婴儿出生前就做好准备，为那些你想见到的探视者做好安排。有趣的是，很多人其实不是为了去看望你的，他们只想去见见小宝宝。

许多年前，医院里设有育婴室，所有小婴儿都在那里供人探访，但现在我们都是母婴同室，这样一来，病房便挤满了手持鲜花前来探视的亲友，令母婴双方都感到非常焦虑不安。

产后第一天就见到你的父母、兄弟姐妹和祖父母，确实是件很棒的事。好友们会来病房和你打招呼，看看你的漂亮宝宝，寒暄几句，然后离开。朋友、邻居、校友、杂货店老板和其他访客日后再接待也不迟。大多数医院都有非探视时间，可以使母婴免受打扰。

要确保你的家人和亲朋好友都能及时注射疫苗。目前，百日咳就是一种新生儿易感的流行病。

探视者离开后，我见过很多手足无措的产妇坐着哭泣。通常情况下，新妈妈的肚子或臀部会很痛，外加上热辣抽痛的乳房，实在没心情一遍又一遍地复述她的分娩经历。你的另一半可以负责接待那些到医院来的探访者，可以给朋友和熟人发条短信，让他们近几天别来探视，或者等你们出院回家安顿好了再去探访。你可以在医院的探视时间开始前就请医务人员限制访客进入你的病房，或者你自己有信心对探视者说："宝宝要吃奶了，谢谢你能来看望我们，但你现在得离开了。"当然，医务人员也可以替你这样说。

有些病人会在产前就告诉大家不要去医院探视。要不要这样做取决于你，但至少要事先有个计划。

> 在我妻子怀孕时，我想了解很多自己不清楚的育儿知识。我不会换尿布，不会裹襁褓，也不会给新生儿洗澡穿衣服。这些我都不会，所以我必须学起来。
>
> 戴　维

带着宝宝回家啦

离开医院把宝宝接回家是一种不可思议的感觉。你可能突然会想：天哪，路上怎么有这么多车。直到你要带着新家庭成员回家时，才会意识到人们开车的速度有多快。现在，一切都变了，因为车里坐着你最心爱的宝贝！

当年我作为新手妈妈离开医院时，记得自己曾想着：我要把这个小婴儿接回家啦。我以前曾向许多新生儿家庭挥手告别过，现在我也要带着自己的儿子回家啦。这种时候，我们这些医务人员常常会抱着宝宝一路下楼来到汽车旁边，然后向新生儿家长挥手作别——这是一种亲切而友好的传统。

开车载着新家庭成员回家

以下是一些温馨提示，好让婴儿安全而愉快地完成人生中第一次乘车经历。

·确保汽车的汽油充足。别笑，我见过很多人的汽油用完了，相信我，新手妈妈总是对加油这种事不以为意。

·确保汽车后备厢是空的，能有足够空间容纳你要带回家的行李箱、婴儿礼物和探视者送来的鲜花。

·要尽早到达医院。

·把行李物品放在汽车上装好，一旦办好出院所需的文件手续，你就可以把孩子绑在婴儿提篮里了。

·安全开车回家!

第二部分

出生前六周

第四章

从出生几日到出生一周

小婴儿就像花朵一样：刚出生时静静地含苞待放，随着时间的流逝，他们会渐渐展露花瓣，苏醒过来，环顾四周，凝视世界。

婴儿出生不久就能"注视物体"。在出生前几天，他们的视觉敏锐度（辨别物体细节和形状的能力）有点像失焦模糊的照相机。出生一周内，婴儿可以聚焦距离脸部约20厘米的物体，所以，你应该靠近宝宝并对他微笑，和他交谈，了解他，告诉他你有多爱他。你们应该就这样自然而然地继续交流下去，你的声音将永远萦绕在他的脑海里，让他知道你对他深深的爱。因为你们日后还要相处很久，所以要让他熟悉你的脸。

酣睡的婴儿苏醒了

婴儿出生前几周，会有白天和黑夜混淆颠倒的情况。要命的是，婴儿白天可能非常平静，只知道吃奶和睡觉，但是到了晚上却变得异常欢实，不管你喂他多少奶，都会在你将他放回床上 10 分钟后醒过来。

我认为婴儿出生前几周之所以会将白天和夜晚弄混，是因为他们在胎儿期时白天会在子宫里随着妈妈的活动摇晃睡觉，等晚上妈妈睡觉休息时，他们往往就醒过来开始伸懒腰了。这是他们唯一知道的"日常规律"，所以出生后，婴儿要花大约两周时间才能把昼夜时差颠倒回来。生过孩子的女性都明白这种规律：在孕晚期时，你会觉得身体非常疲劳，但是当你要上床睡觉时，胎儿却似乎醒过来开始手舞足蹈了！

要有足够的耐心，生活中多了一个新生儿，一切都需要慢慢适应。婴儿的非睡眠时间逐渐增多是必然现象，你之所以感觉自己处在风口浪尖上是因为缺觉造成的，你会渡过难关的，等宝宝将来能在白天吃奶时，你俩晚上就都能安然入睡了。我知道你迟早能挺过来，但是深陷其中的这段日子，夜晚总是显得那么漫长而寂寞。要和新生儿一起度过这些早期岁月，需要时间、耐心和无穷的爱。我提出的洗澡—喂奶—睡觉习惯训练法确实有助于逐步改变新生儿的日常规律。

情况往往是这样的：婴儿出生 48 小时会处于一种昏昏欲睡的状态中，等他清醒后你就会发现自己喂不饱他了。产后第二天晚上通常都很漫长煎熬，对初产妇而言尤其如此，因为在此之前，宝宝一直都很安静平和。他的体重开始减轻，而且觉得很饥饿。他会不断吃奶，然后接着啼哭，至于应该如何应付这个不睡觉的哭闹宝宝，会不断有人给你提出各种相互矛盾的建议。如果你觉得自己一直喂不饱孩子，而且乳头很疼或擦破了皮，那肯定是小宝宝有些"不对劲"了——他很饿，而且睡醒了。

这段时间，你得一直不停地哺乳，然后乳头变得非常疼。如果宝宝还是没吃饱，而你又很疼，大可给他额外喝一点配方奶。你不用把母乳挤出来，因为婴儿已经在吸吮乳房了，配方奶粉可以给他提供额外所需的"补充能量"。

你的大脑不知道孩子喝了配方奶，所以不会影响到乳汁分泌。泌乳现象是母体怀孕后自然形成的，不会凭空消失。作为女性，我们分娩后自然就能分泌乳汁。一旦胎盘在婴儿出生后娩出母体，大脑就知道必须要开始给婴儿"哺乳"了。举个例子，这就是非洲女性虽然营养不良却仍能母乳喂养的原因所在，因为泌乳是大脑指挥下的一种自然身体机能。

婴儿需要食物

婴儿出生时身形无论较小还是较大，出生后都非常饥饿，需要吃奶。你不会把婴儿喂撑，但却可能让他吃不饱。我见过太多营养不良并被诊断为绞痛、胃液反流及过敏症的婴儿，专业医务人员告诉孩子母亲说她们"错误地限制了婴儿的食量"。

在许多情况下，这些婴儿只是额外还需补充一些食物而已。我所说的食物，指的是大量的奶水，而非1~2毫升的初乳。有些婴儿需要20~30毫升配方奶才能吃饱。常有人告诉新手家长说新生儿的胃只有弹球般大小，实际上也确实如此。许多人告诉我说，"他们认为给孩子喂得太饱会把他的胃撑破，他们很害怕会这样。"

新手家长不了解的是，婴儿的胃部虽然确实很小，但是它能将食物残渣排到大约7米长的小肠里。我们得用简单的术语教会这些新手父母，好让他们对自己的孩子有所了解，不再为养育照顾新生儿而担心焦虑。就像爱因斯坦曾经说的："如果你无法简单解释某事，说明你根本没有理解透彻。"

回溯到产妇需要住院10~14天的那段日子，助产士们明白并且信任产妇身体的变化过程，因为妈妈们在产后第三天、第四天和第五天自然都能慢慢开奶。困倦的小婴儿一整夜都能喝到配方奶，妈妈们也可以好好休息并进行产后恢复。我们从不让婴儿饿到尖叫，因为我们会一边等着产妇开奶一边先把婴儿喂饱。那时的婴儿很少会像现在这样比出生时少了1/10的体重，而且他们也不会因为饥饿而啼哭尖叫。我们会和新手妈妈一起坐上几小时，教会她们如何哺乳，而且也不催她们出院回家。

相信我，1~4天大的婴儿与1~3周大的婴儿是迥然不同的。新手家长的做法往往是回顾他们住院时从助产士那里学到的技巧，然后继续延用这种方式来照顾孩子。我经常能见到我护理过的妈妈们这样做。以困倦的婴儿为例，产后病房里出生前几天的宝宝经常会这样。许多助产士会鼓励父母给婴儿脱下衣服，解开裹布，让他们一直觉得身上很冷，然后轻弹他们的脚趾，往他们脸上吹气，在他们身上放一条凉毛巾，以此唤醒宝宝，让他们觉得不舒服了，便能充分吮吸乳房。但我始终不相信会有人教父母那样做。

大自然根本不想让婴儿受冻。我觉得告诉新手家长要给婴儿脱掉衣服，让他们感到寒冷不适才能好好吃奶的做法真的很荒唐。这完全没有道理，而且当我向这些父母介绍替代方法时，他们都对我说他们从来都没觉得这种方法正确，但却依然照着做了。如果你是独自待在医院的新手父母，本身情感上就很脆弱，这时再有专业医务人士告诉你要给婴儿脱下衣服，吹他的脸，轻弹他的脚，你往往也就照做了。

在所有接受护理的病人中，新手家长是最容易妥协的一群人，因为他们往往关心则乱，即使直觉告诉他们不要这样做，通常他们也不会反其道而行之。有一次我去拜访一位新手妈妈，她的孩子只有 3 周大。她打电话跟我说孩子不停地哭，弄得她已经快要崩溃了。当我到她家时（时值墨尔本的冬天），她的宝宝正在哇哇大哭，身上只穿着尿不湿和一件小背心！我询问这位妈妈为何要脱掉宝宝的衣服再给她喂奶时，她说是医院教她这样做的。

这位妈妈是个聪明人，生孩子前曾在职场上身居要职。我向她解释了要给婴儿穿上衣服、包起裹布再喂奶并让孩子保暖的个中原因。我们这样做了之后，宝宝吃完双侧乳房就睡着了。那位妈妈说她从未见宝宝这样乖过。其间，她经历了太多的泪水、羞愧、悲伤和挫折。她对我说虽然她知道什么才是正确的做法，但还是遵从了医院里学到的那套。

母乳喂养

世界卫生组织指出：

母乳喂养是为婴儿健康成长和发育提供理想食品的无与伦比的方式，同时也是生殖过程的基本组成部分和母亲健康的重要指标。证据显示，长达 6 个月的纯母乳喂养是婴儿喂养的最佳方式。此后，婴儿应当在持续母乳喂养的基础上逐步接受补充食品直到两岁或更久。

母乳是新生儿和成长中的婴儿最好的食物。如果你在一开始就能有一个良好的开端并且得到他人支持的话，母乳喂养对母婴双方来说都将是一次非常美妙的经历。

在我与母婴一起打交道的 40 年工作历程中，会对每一位想要母乳喂养的妈妈表示支持和鼓励。每位妈妈的哺乳方式都是不同的，而且她们在产前知道的那些信息会让其觉得母乳喂养其实很容易，但实则不然：要想成功母乳喂养，你得得到大量支持和教育，并且得有足够的耐心。

并非每个女人都能顺利实现母乳喂养，也并不是产后第四天能开奶了就意味着大功告成。如果妈妈不愿哺乳或者哺乳不成功，也没必要让她们太为难。每个女人都不一样，所以如果你不能或不想哺乳，也不要感到内疚。在孩子 21 岁生日聚会上，没人会去讨论他是否经历过母乳喂养。

虽然纯母乳喂养是理想状态，但并非所有妈妈都能或是想要这样做。我知道婴儿出生早期用奶瓶喂配方奶确实会妨碍纯母乳喂养，但我也知道后来有新手家长给孩子哺乳了更久时间——大于等于12个月。

从下面的统计中可以看出，我们都很擅长开启母乳喂养之旅——也就是说，妈妈们都有亲自哺乳的美好初衷——但是如果妈妈们得不到持续的支持，便极有可能放弃母乳喂养转而给孩子喝配方奶。新手妈妈们从医院和社区里获得的各种信息，造成了家长接新生儿回家后母乳喂养率的骤降。

2010—2011年，澳大利亚卫生与福利研究所进行了一项全国婴儿喂养调查，结果发现：

· 大约96%的0~2岁儿童一开始都接受了母乳喂养。

· 69%的婴儿在4月龄时仍然接受一些母乳喂养，但是只有39%的婴儿一直都是纯母乳喂养直至3月龄。

· 60%的婴儿在6月龄时仍然接受一些母乳喂养，但是只有15%的婴儿一直都是纯母乳喂养直至5月龄。

从 20 世纪 70 年代末到 80 年代，我一直提倡女性进行母乳喂养，甚至被人称作是"激进倡导母乳喂养的斗士助产士"。随着时间的推移，我的想法也发生了变化，我了解到，这一代人更希望她们的配偶更多地参与到育儿的工作中来，并且很爱给孩子用奶瓶。有些妈妈会感到内疚，认为如果她们不能或不想亲自哺乳，自己就是个失败的母亲。妈妈们有时想要认输，然后就此打住不再哺乳，但只要有正确的支持、鼓励和关怀，新手妈妈其实完全可以克服这些看似难以逾越的障碍。当妈妈们感到疲倦、酸痛、缺觉，并且觉得哺乳不太顺利时，恰恰是那些本应为她们带来支持的家人朋友或是她们头脑中的声音告诉她们应该放弃。

至少需要 6 周时间，母乳喂养才会变得顺畅，母婴之间的亲密纽带也才能建立完成。婴儿出生前 7 天，是让母亲适应哺乳节奏最重要的几天。如果进展顺利，在你抱着他时，你们母子都会觉得很舒服，甚至还会觉得哺乳时很放松，这说明你已经成功了一半。等婴儿含住乳头开始吮吸时，你的乳汁就会源源不断地流出来——耐心点，不要一门心思想着把奶水挤出来。

我和一位 3 月龄宝宝的妈妈打电话聊天快要结束时，她对我说："真感谢你在宝宝出生前 6 周给予我的支持。我几乎就要放弃了，但是很高兴我没那么做。我现在是纯母乳喂养，宝宝能睡一整晚。"

并非每个人都能或是想要母乳喂养。以前做过乳房缩小或植入假体这类乳房手术的女性，就有可能无法很好地泌乳。她们开奶后虽然可以开始哺乳，但是会发现自己的乳汁不够喂养正在成长的宝贝。我建议那些做过乳房手术的人不要奢望纯母乳喂养。以我的经验，她们每次哺乳后绝对需要给婴儿再额外提供一些配方奶，尤其是在孩子出生 6~10 周的时候。起初，她们还能用母乳满足婴儿的需求，但是随着婴儿食量不断增加，她们就得用上一些配方奶粉了。这样做意味着孩子不必处于饥饿的状态，她们可以哺乳更久时间。

如果房间里有 100 个女人，每个女人的哺乳情况肯定都不一样；事实上，每只乳房的哺乳情况都各不相同。我认识一位妈妈，她只用单侧乳房就成功喂大了她的 3 个孩子。就我个人而言，我给儿子哺乳了很久，效果很好，很幸运的是，就连我离家出门去工作也没断了母乳喂养，并且我从来没挤过奶。

许多妈妈担心自己不产奶。请记住，泌乳是种与生俱来的能力。你的身体知道它得产奶。婴儿出生时，胎盘会被娩出母体，母亲的大脑会知道如何触发身体机制来产奶以便哺育后代。婴儿吮吸时，母亲的大脑会释放出催产素，然后进入血液，促使母乳从乳管流出，这就是所谓的喷乳反射。

宝宝开始吮吸时，你就能感觉到这种喷乳反射，但是每位妈妈的感觉都不太一样。有些女性什么感觉也没有，有些则觉得乳头刺痛。一些女性会觉得乳房疼痛，另一些则觉得乳房有种被人拉拽的感觉。有些女性甚至在腋下和肩膀处都能感觉到痛楚。不论你的感觉如何，都说明你的身体运转正常，可以让母乳流出来哺育后代。

世界卫生组织和联合国儿童基金会推荐新手妈妈：

> ·在婴儿出生1小时内就开始母乳喂养。
>
> ·纯母乳喂养——婴儿只接受母乳，不要给婴儿食用任何额外的食物或饮品，甚至不用给婴儿喝水。
>
> ·要按需哺乳——只要婴儿有需要，无论白天黑夜都要随时进行母乳喂养。
>
> ·不要使用奶瓶、奶嘴或安抚奶嘴。

有些妈妈确实做到了上述所有这些，但依我的经验来看，并非所有人都能一直完成这些要求，原因有很多，包括母乳不足以养活饥饿的婴儿，使用奶瓶补充喂养以及家长选择使用安抚奶嘴等。

根据我的实践经验，现代妈妈很难实现纯母乳喂养，如果她们无法做到这一点，就会觉得很内疚。如果做不到纯母乳喂养，往往会感到羞愧难当；如果是她们自己不愿意这样做时，就会因为惭愧进而产生心理负担。我所护理的妈妈们会在晚上给婴儿洗澡后遵照习惯训练法喂孩子喝一瓶配方奶，这并不影响她们泌乳。我可以很自信地说，她们更愿意将母乳喂养持续更长时间，这对母婴双方来说都是一种美妙的双赢结果。

吮吸反射

从妊娠期第 16 周开始，母亲的乳房就已经做好泌乳准备了。让婴儿在非睡眠时间吸吮乳房，自然就能慢慢开奶。有太多助产士会在婴儿出生前几天就用手或吸奶泵为妈妈们挤奶，其实，这段时间恰恰是应该让婴儿吮吸的重要时刻，不应该胡乱触碰妈妈们的乳房。从第一次哺乳开始，母亲的大脑就会在婴儿吮吸时发出产奶的信号。不要着急，因为泌乳是先天赋予母亲的一种能力。

婴儿要想生存下来，就必须通过吸吮乳汁来维持生命。所以，让自己轻松一些，亲自把孩子揽入怀里，而不是让助产士替你这样做。你自己要有主见，并且跃跃欲试地想要哺乳。

让宝宝靠近你，把他抱在臂弯里（如果用左侧乳房哺乳就把婴儿放在左胳膊那里），让宝宝贴在乳头上，他自会去吮吸乳头。这是婴儿的本能，无须助产士推着他，或是托着他的后脑勺或肩膀把他送到乳头那里。你和宝宝自己就可以顺利完成乳头含接的动作。小婴儿都非常聪明，天生就知道如何张开嘴把乳头放进嘴里吮吸乳汁。如果你的宝宝正在吮吸，说明他已经含住乳头了——就是这么简单！你不需要把整个乳晕（乳头周围的暗色区域）全部放在宝宝嘴里。对于一些女性来说，这几乎是不可能的，因为她们的乳晕太大了。妊娠期乳头会发生变化，乳晕会变大变黑。只要记住，如果小婴儿能吮出乳汁，就说明他含住乳头了！

吸吮是婴儿最强烈的原始反射。我向新手妈妈解释说，你的小宝宝还不会说话或走路，吸吮和哭泣就是他最强烈的诉求，因为只有这样他才能生存下来。他会用哭的方式提醒你关注他的需要，然后用力吸吮乳汁，因为这是他赖以生存和成长的唯一途径。新生儿的原始本能就是要找到乳头，然后一直不停地吮吸，直到他吃饱为止。请相信你的宝宝。

现如今在医院里，让婴儿含接乳头已经成了一项复杂的临床服务。我相信，如果我们让母婴待在一起，让她们自行解决，妈妈们肯定照样能让小宝宝成功含住乳头。关于应该如何抱着婴儿摆好姿势，如何与婴儿交谈并告诉他要张开嘴巴的圭臬，实在是太多了。你的宝宝连今天是几号都还不知道，更别说他能否听懂你让他张开嘴巴了！

胎儿在子宫里就开始吮吸他们的拳头、小手和大拇指了，婴儿出生前几个月，依然很爱把手指放在口中。因为胎儿会在子宫内一边悠闲地长大一边不断吮吸自己的小手，所以新生儿小手上出现"吮吸水泡"其实并不罕见。这种天生的手口反射很正常，这也是我们不应该给婴儿戴上连指手套或用连体服的长袖口盖住婴儿小手的原因之一。连指手套很危险：如果婴儿把戴着手套的双手放在嘴边，就能把手套扯下来，进而引起窒息危险。

每对母婴都是与众不同的，所以我得确保自己所做的工作适用于具体特定的每对母婴。一些妈妈奶量充足，所以她们的宝宝更容易吃饱，更容易增加体重也更容易安睡；而另一些妇女的奶量可能很少或是出奶速度缓慢，所以她们的宝宝除了母乳喂养外还要额外补充能量。

此外，每个人的乳头也都非常不同。如果乳头很长，就方便婴儿含住吮奶，因为婴儿能否顺利吮吸乳汁完全取决于乳头的长度。如果乳头短小、扁平或内陷，婴儿就无法顺利含住，这时可以佩戴乳头保护罩，它能延长乳头长度，帮助婴儿含住乳头吮奶。乳头保护罩或许是能否实现母乳喂养的关键所在。

顺利实现母乳喂养的19条指南

1.每次喂奶时都给婴儿包好裹布。最重要的是要轻轻包住婴儿的双手。不建议包紧婴儿的髋部和双腿，因为髋部需要保持一种"蛙腿姿势"才能很好地生长发育。

2.如果你的宝宝非常健康，就不用挤奶了，请让宝宝来完成这项工作。他就是最棒的吸奶器！

3.把婴儿横抱在胸前，将他的耳朵贴在你的肘弯处，让他侧面向着你。如果你用左侧乳房哺乳，就把他放在你的左臂弯处。

4.让婴儿自己把乳头吸进嘴里，用抱着他的胳膊把他搂到你的乳房前面。不要用手推他，也不要让别人按住他的头强行把他贴在你的乳房前面。小婴儿天生都有吮吸和生存的原始意志，要想活下去，他就肯定会吮吸乳汁。

5. 这是件非黑即白的事——如果婴儿能从乳头里吸出奶水，就说明他已经含住乳头了，并且吸吮得很顺利！别让婴儿反复松口或咬住乳头，因为那样会弄伤你的乳头。

6. 不需要让婴儿含入全部乳晕。有些妈妈的乳晕较大，婴儿不可能把所有乳晕都放在嘴里。

7. 如果你的宝宝还没排尿，并且体重开始减轻，请给他额外喝些配方奶补充一下能量。这样可以防止婴儿体重减轻，让他不再痛苦哭闹，使母婴双方都能感觉良好，还能让母亲的乳房继续充盈奶水。

8. 任何时候都不要按摩你的乳房或乳房里的肿块。你的乳房发炎了，而且它们工作得很辛苦。你可以将泌乳时的乳房比作肿胀受伤的脚踝：你肯定不会去按摩肿胀的脚踝，因为这样做会对组织造成伤害（和疼痛）——同样道理也适用于你的乳房。不要去触碰它们，也不要让别人帮你按摩乳房。

9. 在乳头上只涂母乳。不要在乳头上涂抹任何乳膏、药水或乳液，因为这样做可能会导致感染和乳腺炎。

10. 如果你的乳房变硬、肿胀发红，可以用已经清洗晾干后放入冰箱的卷心菜叶敷在乳房周围（避开乳头），等菜叶变热变软后扔掉，然后重新敷上更多的冷卷心菜叶。请穿上合身的文胸或紧实的小背心。

11. 如果你乳房里的奶水不够喂饱婴儿，就先留着它，先给宝宝喝些配方奶，等攒足了奶水再开始哺乳。不要用手或吸奶器将奶水挤出来。

12. 如果你的乳房充满奶水后乳头会变平，可以用乳头保护罩延长变平乳头的长度。等乳房不再那么胀满时，婴儿就可以重新含住乳头直接吮吸奶水了。

13. 如果你的乳头扁平或内陷，请使用乳头保护罩。它可能是决定你能否实现母乳喂养的关键所在。乳头保护罩质地柔软，可以方便婴儿咬住乳头。

14. 如果你的乳头受损、酸痛和（或）破裂，不要停止哺乳。戴上乳头保护罩，你的乳头能在24～48小时内愈合。凝聚在保护罩内的乳汁具有神奇的治疗功效，能迅速治愈你的乳头。

15. 常给婴儿哺乳。不要给12个月以下的婴儿喝白水或糖水，只给他们喝母乳和（或）配方奶。

16. 如果你的宝宝还是很饿，就给他喝一些配方奶。他能更快增加体重，你也能哺乳更久时间。

　　17.别给饥饿的婴儿使用安抚奶嘴。因为安抚奶嘴不能为他提供能量。此时婴儿真正需要的是食物——奶水。

乳头与乳头保护罩

　　我见过成千上万个乳头！有些乳头很长，宝宝很容易含住，这样的妈妈哺乳效果很好。有些乳头不太大，还有些是内陷的，乳头尖端部分缩进了乳房里。要想成功哺乳，婴儿得将你的乳头吮吸到舌根处，这样才能刺激他进行吮吸，进而吞咽，接着再吮吸，再吞咽。

　　如果你的乳头短小而且不能让婴儿含住，或者你的乳头有擦伤、裂口或酸痛感，有样东西能帮到你。我刚开始当助产士的时候，乳头保护罩又厚又硬，而且不易弯曲，所以我很少推荐妈妈们使用。如今的乳头保护罩做得真是太棒了。现在的保护罩是用软硅胶做成的，非常贴合乳头，不仅可以保护疼痛的乳头，还能为扁平、内陷或短小的乳头增加长度。母乳可以在破裂的乳头周围聚集起来，令创口迅速愈合。

　　在我为那些无法让宝宝顺利含住乳头或者乳头酸痛破裂的妈妈提供乳头保护罩时，这些新手家长都会惊奇地看着我，奇怪为什么先前没人给她们提供这样好的东西。

大多数保护罩都是标准码或中等尺码的（我不建议使用小码乳头保护罩）。即使你认为自己的乳头很小，也最好选用大一些的保护罩。

乳头扁平或内陷的女性也可以用乳头保护罩成功哺乳。如果乳头扁平或凹陷，婴儿就无法将乳头拉到嘴里足够深的位置上，因此往往会造成乳头尖端破损开裂，进而引发痛感。如果母亲的乳头扁平或凹陷，婴儿也会在她胸前变得烦躁不安，因为他不能很好地含住乳头吸吮奶水。

我见过很多乳头扁平或内陷的女性用了乳头保护罩后都成功实现了母乳喂养。后来，通常在产后大约 12 或 14 周时，通过婴儿不断吸吮，乳头会被适当抻出乳房，宝宝便能直接含住乳头了。

如果你必须得用乳头保护罩，也不必为此感到内疚。相信我，它确实能帮上忙，而且往往还是能否实现母乳喂养的关键因素。

出于某种原因，一些助产士和哺乳顾问会将乳头保护罩形容得很恐怖。取而代之的方法是，他们推荐用手或吸奶器将乳汁挤出来，然后放在奶瓶甚至是杯子里喂孩子。这要耗费很多时间和精力，并且会给新手妈妈造成很多焦虑。

我家宝宝 7 天大时，我的乳头疼得简直就跟要掉下来了似的。我无法让宝宝在我胸前吃奶，因为她的吮吸力实在太强了，把我弄得特别疼。凯瑟琳为她包好了裹布，还给我推荐了一些乳头保护罩，我们母女就这样照做了。我刚一戴上乳头保护罩，哺乳情况立马改善了80%，并且变得越来越好。我简直不敢相信自己的乳头居然能这么快愈合，我能继续母乳喂养了。如果你感到很痛苦，你的乳头很痛，不妨试一试这种保护罩。全靠它，我才能继续哺乳。

克莱尔

乳头疼痛

有些妈妈哺乳时会感到剧烈的疼痛，而另一些则完全没有痛感。最令人痛苦的是从乳头蔓延到整个乳房的刺痛感。我遇到过一些妈妈，她们的脖子、肩膀甚至腿都疼！这种疼痛可能会在哺乳时发生，而且两次哺乳间歇时也会持续疼痛。对于一些妈妈来说，甚至一想到要给孩子喂奶就会觉得心理压力很大，而且新手妈妈还可能因为不想再忍受这种痛苦而对哺乳产生抗拒。

对于一些女性来说，挤奶可以减轻这种痛苦。这是一种权宜之计，婴儿虽仍然可以喝到母乳，却不能算是长久之计。如果哺乳后依然疼痛难忍的话，有种简单方法可以减缓疼痛。我会让妈妈张开手掌，把手紧扣在胸前，将乳头置于手心正中央，然后用手掌把乳房压扁（因为乳房和乳头都很疼，所以这一步需要轻轻完成）。如果这位妈妈能将手牢牢扣在那里保持50~60秒，疼痛就会减轻，有时甚至还能完全消失。每次她感到刺痛时，都需要这样做。

在某些情况下，乳头疼痛可能是由鹅口疮引起的，但不总是这样。我在治疗鹅口疮引起的乳头疼痛时，会建议去药店购买口服的抗真菌药片，在这种情况下，不用改变患病妈妈的饮食习惯。

凯特的故事

凯特在头胎妊娠期第 16 周时第一次见到我。她说将来想给孩子母乳喂养，但是她的两侧乳头都严重内陷。我当时检查了她的乳头，说真的，从业 40 年我都没见过乳头凹陷程度这么严重的产妇。我告诉她说不用乳头保护罩恐怕就不能母乳喂养了。

我建议她把乳头保护罩放进行李箱，这样在她住院时就可以随时取用了。宝宝出生头几天，她的乳房很软，宝宝能含住乳头，但是其间也出现了很多问题，因为有很多人都想帮她，有很多助产士都想给她提意见。凯特在产后第三天联系了我，她的乳房开始充盈奶水，乳头非常疼痛，身边的宝宝正在嗷嗷待哺。

我们给宝宝包好了裹布，然后我提醒她使用乳头保护罩，并把使用方法教给了她。她的宝宝立即含住乳头，吸完单侧乳房就睡着了。乳头保护罩里充满了凯特的乳汁，喂完奶后她觉得自己的乳房又软又舒服。我们给宝宝解开裹布换了一片尿布，让她肚皮向下趴了一会儿，然后又重新包好裹布，让她含住另一侧戴有保护罩的乳头继续吃奶。我记得凯特坐在那里，感到非常自豪，她哺乳 20 分钟就把自己的宝宝喂饱了。

她发现自己的奶水很足，但最重要的是，她的孩子已经心满意足地睡着了。

凯特一直将苏菲娅母乳喂养到大约 18 个月大。孩子出生 4 个月后，凯特的乳头就已经被宝宝完全拉出来了，她变得非常警觉、强壮，吃奶欲望很强，所以不用乳头保护罩也能含住乳头吸奶了。哺乳时不一定要一直使用乳头保护罩，这完全取决于你自身、你的乳头和你家宝宝的具体情况。

去年，凯特惊讶地发现自己怀了双胞胎。这对早产的双胞胎需要通过胃管和奶瓶进行辅助喂养。凯特的奶水非常充足，她提供的母乳几乎足够满足宝宝们住院期间的全部食量需求。由于体重和发育情况不同，这对龙凤胎宝宝能含住乳房吸吮的程度也不太相同。我们又用到了乳头保护罩，可以说，凯特又成功地哺育了她的双胞胎宝宝。

乳房充血

正当你自认为已经开始适应哺乳的诸多不适后，可能还会遇到乳房充血的情况，令你的乳房饱胀充盈、变沉变硬、娇嫩敏感、发热肿胀；有时甚至还会伴有低烧症状。只有少数妇女会发生乳房肿胀现象，但是一旦发生，就是一种非常恐怖的体验。

乳房充血是由积聚在乳腺导管中的血液、淋巴液和乳汁引起的，即使你的奶水非常充足，婴儿也无法把它们全部吸干，最难的是你得用手或吸奶器将充血肿胀的乳房完全排空。

好消息是，乳房充血意味着你的泌乳情况很好，通常情况下，用不了几天症状就会稳定下来。坏消息是，乳房充血非常痛苦，有时，腋下长有乳腺组织的女性会发现她们的腋下也会充血，并且像双乳一样疼痛难忍。由于乳房过分充盈，乳头会变得非常扁平，令那些先前可以顺利含住乳头的婴儿也无法含住乳头。在乳房变软前一直使用乳头保护罩是个不错的解决办法。

等乳房充血问题解决后，你的奶水可能就真的很充裕了，可能还会觉得自己总是漏奶或滴奶，宝宝只吃一点就能吃饱，在他吃奶时，你的奶水就会哗哗往下淌，你会觉得宝宝呛奶了，因为奶水的流速很快，他会一直咳嗽并且急促地咕咚咕咚一直喝。如果你的奶水太足而宝宝却只能喝一点点，而且他喝起来还很不舒服的话，与其将奶水挤出来让乳房在排空奶水的柔软状态与充盈奶水的饱胀状态之间形成恶性循环，不如使用乳头保护罩。它的作用是减缓乳汁流速，让较少的奶水流进婴儿口中。

每次喂奶时双侧乳房都要让婴儿吸吮。因为大脑无法辨别何时指挥乳汁流出体外，既然两个乳房都有乳汁，你就得让乳汁流动起来才能防止自己患上乳腺炎。也就是说，你得先控制好单侧喂奶时间，然后打开宝宝的裹布，换好尿布，重新包上裹布，再让他尽情吸吮另一侧乳房。

乳腺炎

乳腺炎是女性在哺乳期可能发生的一种乳房感染现象，而且这种感染通常还会不断升级加剧，往往从乳头裂口开始不断扩散蔓延。并不是所有人都会患上乳腺炎，但是有些妈妈很不走运，会反复出现乳腺炎症状。患上乳腺炎非常难受，而且病程发展得很快。

了解乳腺炎的病兆很重要，这样你就能早点对症治疗了。最初的症状通常包括头痛、喉咙痛，乳房皮肤发红发热，这些就可能会引发乳腺炎。你还可能经历流感样症状，如潮热、感冒、发抖、颤抖和全身不适。这些感觉在几分钟之内就会出现，而且你很快就会知道自己生病了。一旦见到乳房上有红斑，请立即就医，尽量别拖延到病情严重了再去治疗。

你得服用医生开具的止痛片、消炎片和抗生素，不要吃别人推荐的药品。

患乳腺炎非常痛苦，但你还得给宝宝哺乳。即使你觉得很不舒服，乳房疼痛，也得继续母乳喂养，因为乳汁需要不断流动。重要的是要让婴儿吮吸患有乳腺炎的乳房。

患乳腺炎时不要按摩乳房。按摩是一些医生鼓励的常见做法，但依我的经验来看，按摩乳房实际上会令病况变得更糟。与这种做法不同的是，你可以穿上紧实的文胸，对症服药，并让婴儿吮奶。将干净且凉爽（放入冰箱）的卷心菜叶敷在乳房周围可以有效缓解疼痛。

一旦你开始服用抗生素，就能在 24 小时内有所好转。如果你感觉不到任何变化，请立即就医或去当地医院，因为乳腺炎可能形成脓肿，令你感到极度不适。请相信你的身体，如果感觉不舒服了，就大声说出来并且寻求帮助。

症状

·通常最初会出现严重的头痛症状。

·喉咙痛。

·浑身疼痛和关节疼痛。

·潮热和发冷（出汗）。

·乳房皮肤出现红肿的斑块。

发病原因

·乳头破裂和破损造成感染升级。

·婴儿在哺乳时并未把乳头吸吮到舌根部，而是多次反复松口或咬住乳头。

·充盈肿胀的乳房。

·按摩或揉搓乳房。

治疗方法

·服用抗生素：确保自己服用正确的抗生素，常用药为氟氯西林（在服用这些抗生素前，请确保你对青霉素不过敏）。

·如果头痛持续，请服用止痛药物。

·服用消炎药。

·用卷心菜叶敷在你的乳房上。

·始终穿戴紧实的大号无钢圈文胸或紧实的背心上衣。

·坚持哺乳。

·用双侧乳房哺乳，即使其中一侧乳房的哺乳时间有限也没关系，因为双侧乳房经过婴儿吸吮后里面的奶水都能流动起来。

·只有宝宝太困而无法含住乳头吮奶的情况下才把奶水挤出来。

·如果你的宝宝因为乳房太过饱胀而含不住乳头，请使用乳头保护罩。

不该做的事

·切勿按摩你的乳房或乳房里的肿块，因为这样会导致乳房脓肿。

·不要对乳房进行热敷。

·舌系带过短不会造成乳腺炎。

肿胀充血乳房的护理方法

·如果你的乳头变平而令宝宝无法含住，请先戴上乳头保护罩再进行哺乳，直到你的乳房恢复形状为止。使用保护罩可以让婴儿继续含住乳头吃奶，不用费时费力地把奶水挤出来用奶瓶喂养。

·请你在哺乳时脱下文胸和上衣，以便乳房过分充盈时方便婴儿含住乳头吸奶。通常情况下，婴儿吮吸一侧乳房时，另一侧乳房会开始漏奶，所以请把毛巾放在没喂奶的一侧乳房上接住滴落的奶水。

·服用消炎药止疼，不要等到疼得无法忍受再开始吃药——应该在还没怎么开始疼的时候先行服药。

·因为你的奶水不足，所以宝宝一次只能吸到少量奶水。如果是这种情况，先用一侧乳房哺乳5分钟，然后打开宝宝的裹布，为他更换尿布，再重新包好裹布，让他含住另一侧乳房继续哺乳。要确保双侧乳房都让宝宝吸吮。

·切勿按摩你的乳房，因为这样会严重损害你的乳房组织。

·即使哺乳完你可能还会觉得乳房很硬。一种简单的做法是将乳汁挤出来让乳房排空变软，但是一旦你开始这样做了，大脑就会做出回应，又让你回到涨奶的死循环中。挤奶这件事无异于走一步退三步。

·不要在乳头上涂抹任何药水或乳液——只涂些哺乳时留在乳头上或乳头保护罩里的乳汁就可以了。

·穿戴结实又合身的文胸。现在不适合穿性感的蕾丝文胸。哺乳文胸虽然不太美观，但穿起来非常舒适。

·使用卷心菜叶。在24~48小时内，你可能至少需要4~6颗卷心菜。请每次洗干净一颗卷心菜。将水槽装满冷水，然后掰开卷心菜的所有菜叶，再用冷水清洗。将菜叶晾干后放入冰箱，待菜叶变凉后取出并敷在发红发热且抽痛的双乳周围，但是不要用菜叶盖住乳头。穿上紧实且能罩住整个乳房的文胸，或是穿上能让你觉得支撑作用良好且非常舒适紧实的背心或T恤上衣。等卷心菜叶变温变软后就将它扔掉，再拿一片冻凉的叶子敷在乳房上。（经过这个过程，你可能以后再也不想吃卷心菜了！）

·在乳房充血时好好休息——你可能会变得非常情绪化，认为自己可能永远无法摆脱这种痛苦。请耐心点，你的乳房会好起来的。

·按需哺乳，通常每2~3小时就给婴儿喂一次奶。

·保持你的液体摄入量，注意休息和饮食。

·如果你有乳房皮肤发红、头痛、喉咙痛和乳腺炎的迹象，请尽快就医，因为你可能患上了乳腺炎，需要服用抗生素进行治疗。

奶水不足

　　一些妈妈奶水不足，无法满足婴儿不断生长发育所需的食量。如果你的奶水不足，确实无能为力，也不要停止母乳喂养。最好的办法就是先直接哺乳，然后再给孩子补充一些配方奶。

　　根据我的经验，没什么有效的办法可以增加母乳产量。如果你用手或吸奶器挤奶，也仅仅只能把奶水从乳房里排空，并不会增加母乳数量。如果你的产奶量很低，往往就会更加执着于泵奶，但是从身心两方面考量，这种做法都不是长久之计。我曾护理过很多产后的妈妈，她们没有一个人告诉我说自己喜欢用吸奶器泵奶。挤奶并非母乳喂养的一种常态，只有在婴儿生病或早产的情况下挤母乳才有意义。

　　就像你不能改变自己眼睛的颜色一样，你也无法估计自己的泌乳量和泌乳情况。这是天生注定的，没有药片、药水或草药可以增加母乳产量。母乳不足的女性更倾向于给宝宝不停地喂奶，但是往往婴儿吮吸数小时后还是哭闹不止。这种情况确实会让妈妈们感到心烦意乱、多愁善感。我的建议是先尽量多给婴儿喝母乳，然后再给他补充一些配方奶，我保证母婴双方都会很开心的，而且母亲也无须再像某些育儿书和网站提倡的那样每天坐下来用吸奶器泵 8～10 次奶，这将极大挤占她与新生宝宝相处的宝贵时光。

　　如果你先给婴儿直接哺乳然后再补充一些配方奶的话：

· 婴儿能吃得很饱，而且体重会持续增加

· 你会变得更加快乐

· 你能母乳喂养更久时间

· 婴儿吃饱后能够好好睡觉

我向你保证，每天哺乳 6~7 次然后再补充配方奶不会让婴儿出现乳头混淆或是拒绝吸吮乳房的情况发生。自然本能非常聪明，它知道该怎么做。但如果婴儿出生后没能尽早使用奶瓶，就有可能会拒绝使用奶瓶，这时如果你又奶水不足的话，就可能会导致包括厌奶在内的很多问题出现。

挤母乳

理想情况下，只有婴儿生病、早产或是体重非常低的情况下才需要妈妈用手（或吸奶器）将母乳挤出来。当母婴双方因为疾病、体重过低或早产而分开时，用手或吸奶器挤母乳是维持母乳喂养的唯一方法。但我现在看到的问题是，所有妈妈都被告知（并且人们都希望她们）用手或吸奶器将母乳挤出来喂养孩子，即使她们拥有健康的宝宝也不例外。助产士们不再像从前那样坐下来鼓励并帮助新手妈妈把小婴儿抱在胸前含接乳头吃奶，而是在孩子出生第一天就开始用手给产妇挤出 1~2 毫升初乳并用注射器喂养。新手妈妈需要时间学习，作为助产士，我们应该教会妈妈们一些必需的技能，好让她自己帮助宝宝（而不是让助产士把婴儿推到乳房那里去）。吸奶器是妈妈们"必购"清单中的首选商品，如果你在妇产科病房四处转转，就会发现几乎人手一台吸奶器。

其实，不用挤奶也完全有可能实现母乳喂养。日复一日地挤奶只会令妈妈们变得非常焦虑并且执迷于此。焦虑是因为她们在一天里没给自己留出太多时间好好休息，却总想试图达到一定的产奶量，进而强迫自己一直用吸奶器泵奶。这并非大自然的本意。有人会在一些（生下健康宝宝的）产妇离开医院前建议她们花很多钱租用几个月吸奶器。然而，每次吸奶都会占用妈妈的宝贵时间，令她们无暇亲自直接哺乳，也无暇拥抱并关爱她们的宝宝。只有妈妈充满爱意地深情注视着宝宝静静地躺在自己怀里吸吮乳汁时，哺乳期的大脑才能更好地运转起来。

如果生下健康宝宝的妈妈经常挤奶，看到自己的产奶量逐天、逐周、逐月减少，必定会认为自己的泌乳情况不好。根据我的经验，她很可能会放弃哺乳，因为她认为自己奶水不足。

如果挤奶是因为婴儿早产或生病的话，哪怕奶量很少也要将奶挤出来，因为这样可以让乳房里的母乳流动起来。等婴儿长到足够大、足够强壮时，就可以含住乳头吮奶了，到那时，妈妈的奶水自然能变多。

何时没必要挤奶？

如果你的宝宝身体健康，能够很好地含住乳头吃奶并且你也很擅长哺乳，就没必要挤奶。不必要的挤奶会导致：

- 浪费不必要的时间，令你无法陪伴宝宝
- 认为挤奶可以增加母乳产量
- 产生焦虑情绪，总是想要设法达到某一"产奶量"
- 让你只能留在家里并把自己一直"拴在"吸奶器上
- 害怕用吸奶器泵奶

让婴儿直接吮吸乳房对母婴双方和母亲泌乳来说都是最好的做法，但我却屡次看到妈妈们用手或吸奶器将奶水挤出来用杯子喂养。令我感到无比困惑的是，很多助产士、哺乳顾问和妇幼保健护士也提倡挤母乳喂孩子，我们正在向这些最易动摇的新手妈妈们传递各种混淆不清的信息。我不确定这种做法是否与医院的时间管理成本有关，因为助产士们没时间坐下来向新手妈妈解释乳汁分泌的原理，或者产后第一天挤母乳已经成了现在大家都在奉行的一种惯例。在我看来，这其实完全没有必要。

产后第一周确实很艰难。一切都是围绕着宝宝的吃喝展开的。我们给他额外补充了配方奶，但是正如凯瑟琳说的，他实在是太小了，我们得"让他的双腿变得再粗壮些"。她改变了我们对配方奶和母乳喂养的看法。母乳喂养是最终目标，我们日后一定能达到这个目标，但是要明白殊途同归的道理。后来马克斯慢慢变大，可以轻而易举地含住乳头吸吮 10 分钟也不会睡着了。

母乳喂养确实很难。你跟别人聊得越多，就会发现大多数人都觉得母乳喂养很难。碰巧，我们最好的朋友没在哺乳上遇到麻烦，所以我当时希望自己也能一切顺利。

萨　姆

下述情况应该挤奶	下述情况无须挤奶
早产儿	为了刺激母亲增加产奶量
任何月龄下不会吸吮的生病婴儿	为了用母乳补充喂养
住在特殊护理育婴室需要接受特别护理的婴儿	母亲的乳头疼痛或皲裂
母亲的乳房严重刺痛	母亲的乳房充血肿胀或盈满
断奶期需要缓解乳房不适	母亲的乳头扁平或内陷
婴儿体重正在减轻并且需要用配方奶进行补充喂养	

为早产儿哺乳

由于早产、感染、低血糖或呼吸障碍需要住在特殊护理育婴室接受特别护理的婴儿通常不能进行母乳喂养。

如果你的宝宝是早产儿，需要你每天每 3 小时挤一次母乳并且要尽量多提供母乳，这对宝宝来说至关重要。根据婴儿的早产情况、年龄和体重，医务人员会计算出婴儿所需的母乳量。你可将富余的母乳冷冻起来储存好，再根据婴儿所需食量送入医院。母乳量提供不足的宝宝会由育婴病房的医务人员用配方奶粉进行补充喂养。如果你出院回家时孩子仍需留院继续治疗的话，我建议你做以下几件事：

· 白天每 3 小时挤一次奶，每侧乳房挤奶时间为 15 分钟。

· 每晚大约 10 点进行最后一次挤奶。

· 睡一整晚。

· 早晨 5~6 点起床，然后开始挤奶。

我发现，如果需要新手妈妈多次往返医院的话，让她晚上能睡个整觉是很有必要的。因为对于所有的人来说，这段时间都会感到奔波劳碌、情绪脆弱。有些助产士建议妈妈们凌晨 3 点起床挤奶，但我认为最好是睡足 6 小时再起床为妙。这样做你的产奶量非但不会因此减少，你也不会因此而患上乳腺炎，反而还能让自己精力充沛地每天去医院探视孩子。

凯莉的故事

33 年前，我接生过一个名叫凯莉的女婴，她是在妊娠期第 32 周出生的。我每天通过胃管给她喂食，因为她实在是太小了，非常容易疲劳，以至于不能直接吮吸母乳或是用奶瓶喝奶。她妈妈格温每天回家后都要挤 5 次奶，然后再把这些母乳送到医院给凯莉喝。我记得有时候她一次只能挤出 5 ~ 10 毫升，一天总量都不到 100 毫升。我鼓励她继续坚持下去，不用担心挤奶量，并且向格温保证说一旦凯莉能吸吮乳房了，她的泌乳量就会增加。

随着时间的推移，凯莉变得越来越壮实，她可以含住乳头好好吮吸母乳了。

凯莉出院后，我与格温一家仍然有联系，她一直将凯莉哺乳到 15 个月大。我最近还为凯莉接生了她的第二个宝宝……这是一种生命的轮回，我现在都开始给自己当年接生的宝宝当助产士了！

我之所以讲这个故事，是想鼓励那些需要为宝贝挤奶的早产儿或生病婴儿的妈妈们。即使每次只能挤出 5 毫升，你也一定要坚持下去。一旦宝宝足够强壮并能直接吸吮乳房时，你那聪明的身体连同自然本能就可以让你想哺乳多久就哺乳多久。

奶瓶与配方奶

大多数新手妈妈都想进行母乳喂养，但也有很多原因可以说明为什么配方奶粉也不失为一种必要的选择。每个妈妈的泌乳方式都各有不同，与此同时，并非每个人都能实现直接哺乳。有时，早产婴儿的吮吸反射有限，可能就需要在出生早期使用奶瓶喂养才能保证体重一直正常增长。有些妈妈则是出于个人原因，也希望宝宝从一出生就开始使用奶瓶。但是，是否使用奶瓶喂养并不是评判家长好坏的标准，因为重要的不是母乳与配方奶之分，而是父母育儿之道的优劣。

如果婴儿出院前喝过配方奶粉，大多数新手父母会继续使用相同品牌的产品。如果婴儿是在出院回家后才开始喝配方奶，选择哪种品牌的奶粉产品则往往取决于专业人士和朋友的推荐。如果婴儿对妇幼保健护士或儿科医生最初建议使用的配方奶粉出现了任何不良反应，可以改用其他品牌的配方奶粉产品。在未经医生建议的情况下，不要随意改换配方奶产品，这一点很重要——千万不要根据网络搜索或闺蜜给出的建议就给宝宝喝不同的配方奶！

在你用奶瓶给宝宝喂奶时，一定要做到有条不紊。你要准备一台好用的电动消毒器，6~8个奶瓶，外加1台奶瓶清洁器，在每次使用后和消毒前都要仔细清洗奶瓶和奶嘴。往冰箱里放置一个大塑料盒，用来盛放所有消毒完的奶瓶，好让奶瓶一直保持干净无菌的状态。冰箱可以减少温暖潮湿的奶瓶里滋生细菌的风险。

用奶瓶给婴儿喂奶时，请用左臂抱住他，右手以45度角拿好奶瓶。在婴儿出生前几周，我会给他包上裹布，好让他觉得很安全。把奶嘴放在婴儿嘴边，当他张开嘴时，轻轻地让他将奶嘴吸进口中。给婴儿喂奶的过程中，要保证奶嘴里始终都能充满奶水。如果有奶水从婴儿嘴角流出，通常是因为奶嘴盖没有拧牢的缘故。如果把奶瓶呈45度角拿好喂给婴儿，奶嘴里就能充满牛奶，这样婴儿喝奶时就不会吸入空气。婴儿吸吮母乳时也会大口吞咽，所以如果你的宝宝用奶瓶喝奶时大口吞咽，也不要太过担心；小宝宝们都很聪明，会用最适合自己的方式喝奶，而且吸到口中的奶量肯定是他们能应付过来的。有时候，小婴儿会把舌头抵在上腭那里，即使你把奶嘴放进他嘴里了，也还是要确认一下他的舌头有没有顶着上腭，因为只有这样，他才能成功喝到奶水。

偶尔用奶瓶喝奶的婴儿不会在直接哺乳时出现乳头混淆。婴儿从不拒绝乳房，但是如果在出生4~6周没用过奶瓶，就会对奶瓶产生抗拒，而且往往会一直坚决拒用奶瓶。

如果你想在哺乳的同时也给宝宝用奶瓶，解决的办法就是在他出生前几周便开始给他用奶瓶。关于给婴儿喂多少奶的问题，存在着很多的变量，不可能一概而论。这取决于婴儿的年龄、体重和发育情况，所以请咨询你的儿科医生或妇幼保健护士。

配方奶喂养

我强烈提倡母乳喂养，并鼓励妈妈进行为期一年以上的哺乳，但有很多情况需要使用配方奶粉。而且，有些妈妈不想哺乳，有些妈妈不能哺乳，有些妈妈奶水不足，无法维持宝宝体重的正常增长。但是，不论妈妈们以何种方式养育后代都是她们自己的选择与权利，我们必须尊重并支持她们，不要让她们觉得自己正在用安全的产品戕害自己的孩子。在社会上，我们似乎不太宽容那些不想或不选择母乳喂养的母亲，其实让新妈妈因为放弃哺乳而心生内疚是非常残忍的。

我们都知道母乳是婴儿最好的食物，不能哺乳的妈妈自然也知道这个道理。放弃哺乳可能会是女人这辈子做出的最艰难、最易让情绪受挫的决定之一。我总想帮妈妈们变得更加幸福健康，这样她们才能更好地抚育后代。

在我刚开始在医院工作那会儿，病房里奶水最多的妈妈都愿意用自己多余的乳汁帮忙喂养那些吃不够母乳的宝宝，或者帮忙喂养育婴病房中的早产儿。但那些日子已经过去了，所以我们现在唯一的选择就是配方奶粉这种专门为婴儿制作的食物。

大多数妈妈一开始都以为母乳喂养很简单，但如果你和我一起工作一天，就会看到很多妈妈都会在母乳喂养方面出现许多问题。随着时代的变迁，我们现在护理的这代妈妈跟从前的妈妈们很不一样，所以我不得不改变原有的做法，在我得知有些妈妈不愿哺乳或不能哺乳时，会更加灵活变通地向她们推荐使用配方奶粉。

我提出的洗澡—喂奶—睡觉训练法可以让宝宝的爸爸在晚上 10 点给婴儿洗澡、穿衣、包裹布，然后再喂一瓶配方奶。这种训练可以让妈妈一直哺乳到宝宝洗澡之前，然后她就可以去睡觉休息了。

我经常会问那些因为给宝宝补充配方奶而感到内心不安的新手妈妈："你还有别的办法吗？"配方奶是唯一的选择。用吸奶器挤奶不是长久之计，这种做法不但有违自然规律，还会令妈妈们变得焦虑而痛苦。服用药物其实也无济于事，有时还会给新手妈妈造成一种错误的希望，真以为她们能分泌更多的乳汁。

关于配方奶粉的不实说法

配方奶粉虽然是婴儿食品，但是给孩子喝配方奶粉却让我们的新手妈妈们感到内疚不已。此外，澳大利亚新西兰食品标准局还考虑要在罐装配方奶粉的包装上贴出不进行母乳喂养会对婴儿健康造成伤害的"警告"。

如果我们向新手父母提供关于婴儿喝配方奶的信息时能多提到一些正面积极的内容——比如配方奶可以作为饥饿的或是需要额外补充能量的婴儿的食物，母乳喂养率就会相应上升。喝配方奶不会让母亲的产奶量减少，也不会让婴儿产生乳头混淆。这些都是食物，如果母亲能在婴儿出生前几周就给需要额外补充能量的孩子喝配方奶粉，她们就能哺乳更久时间。

关于配方奶粉的入门级知识

如果你完全依靠奶瓶喂养，办事就必须非常有条理。我在本书前面的内容里曾建议过使用电动消毒器外加6~8个奶瓶还有配方奶粉。如果你打算只用奶瓶喂养或者婴儿需要额外补充一些配方奶的话，我建议你买一个水壶，专门用来盛放给婴儿冲奶用的白水。

每次婴儿醒来后，你都可以给他冲一瓶奶。要记住，如果你用的是需要晾凉的沸水，睡醒后嗷嗷待哺的婴儿可能根本无法耐着性子等奶凉下来再喝。

你也可以把奶瓶都装好水后放到冰箱里。然后，等给婴儿喂奶时，再把水加热，放入适量奶粉，摇匀奶瓶，使所有奶粉都能充分溶解于水，再在你的手腕上测试一下牛奶的温度。

关于测试牛奶温度，需要你伸出手臂，在手腕内侧滴几滴配方奶（记住不要让奶嘴接触到你的皮肤），如果手腕皮肤觉得凉，说明配方奶太凉，不适合婴儿喝；如果手腕皮肤觉得热，说明配方奶太热，也不适合婴儿喝。如果你在皮肤上没觉出什么变化，就说明配方奶的温度正合适。

另一种方法就是凉好一罐白开水，足够一天的冲奶量。我建议你用一个带盖的玻璃罐（如果没有盖子，可以在罐口盖上一层保鲜膜或锡纸）。最好早上起床第一件事就是把水煮开，然后把消好毒的奶瓶放在冰箱里。

我建议你比婴儿24小时冲奶所需的用水量多准备200毫升。比如，你的宝宝一天要吃800毫升牛奶，就准备好1升的白水。把水罐放在冰箱里，等需要往奶瓶里灌水时直接把水罐拿出倒水即可。第二天早上，倒掉水罐中前一天剩下的白水，然后新准备一些水供当天使用。

如何准备配方奶

·用热水清洗奶瓶,然后用流动水进行冲洗。

·把奶瓶立在水槽里装满开水。

·再把水壶烧开。

·倒掉奶瓶中的水,倒入适量的开水,然后加入相应剂量的配方奶粉。

·把配方奶粉放进奶瓶里,让奶粉和白水充分混合。盖上奶瓶盖,然后立即放入冰箱冷藏。

·每次需要给宝宝喂奶时,根据宝宝各阶段食量将冲调好的配方奶倒入消毒好的奶瓶中,然后加热装有牛奶的奶瓶。

·你可以用奶瓶加热器或是把奶瓶放在热水杯里进行隔水加热。

·在把奶瓶喂给婴儿前,一定要摇匀奶瓶,确保配方奶的温度合适。每个奶瓶中没有喝完的配方奶都必须倒掉。

关于配方奶的常见问题解答

·是否必须挤出母乳?

否。因为母亲一直到婴儿洗澡前都在进行母乳喂养,所以她的大脑不知道婴儿正在用奶瓶喝配方奶。

等婴儿睡醒后，她的乳房又充满奶水了，肯定能为哺乳做好准备。一位母亲问我她的乳房是否会被乳汁撑爆——我向她保证不会爆炸的！

· 用奶瓶喝配方奶是否会导致婴儿拒绝直接哺乳？

否。婴儿都很聪明，绝不会拒绝直接哺乳。每天喝1瓶配方奶，甚至在哺乳后当天喝下7瓶配方奶都不会让婴儿拒绝直接哺乳。

婴儿根本不会发生乳头混淆。只有在他出生前几周没用过奶瓶的情况下才会产生混淆，从出生第八周开始，他将完全拒绝使用奶瓶而只能接受纯母乳喂养。你应该从出院回家第一天晚上就开始给宝宝使用奶瓶，连带开始进行洗澡习惯训练。

很多妈妈打电话跟我说3~4个月大或者更大的宝宝不用奶瓶喝奶。这些妈妈会出于各种原因想让婴儿用奶瓶喝奶，比如要重返职场或是出席某些特殊的场合等。

· 哪种配方奶粉最好？

所有医院都使用配方奶粉，尤其在给早产儿使用的方面。我建议你问问医院用的是什么品牌的配方奶粉。

· 为什么我不能喂宝宝喝挤出来的母乳？

你完全可以喂奶。要想让宝宝喝挤出来的母乳，你每天至少要用吸奶器泵两次奶才能得到宝宝洗澡后喂奶所需的奶量,这会令你在一天中产生额外的焦虑感。进行洗澡—喂奶习惯训练的核心目的是为了让宝宝妈妈从身心两方面都能从照顾孩子的辛苦工作中抽离片刻,也能让她的另一半有机会与宝宝共度一些宝贵的亲子时光,给孩子洗个澡,喂瓶奶,好让他有时间动手参与到照顾孩子的工作中来。

小便和大便

有孩子前,你肯定不会相信小婴儿居然能拉那么多屄屄。你可能很想知道婴儿这些一气呵成的便便以及排便时发出的巨大声响都是从哪儿来的。这些都能说明你把宝宝喂养得很好,而且孩子消化吸收能力不错,这非常值得骄傲。如我所言,"宝宝的厨师"功不可没!

婴儿人生中的第一次大便叫作胎便。自胎儿在宫内生活起,胎便就开始储存在他的大肠里了,这些胎便呈黑色、浓厚黏稠、无菌无异味。当母乳或配方奶进入消化系统后,粪便的稠度和颜色就会发生变化,从黑色胎粪变为深绿色的过渡性粪便。然后,随着更多母乳进入消化系统,就会变成黄色的稀便……而且小婴儿会经常排便!

有些时候,需要你特别关注宝宝的粪便。也就是说,当粪便呈黑色、红色或白色时，需要格外重视。黑色便（胎便除外）可能意味着婴儿的肠道上端有些出血。红色便可能意味着婴儿对牛奶蛋白过敏，或者患有肠套叠这种肠道并发症（肠镜发现一段肠管套入与其相连的肠腔内，并且婴儿粪便会呈现出"红色果冻状"）。白色便意味着婴儿肝脏不能分泌足够的胆汁，或是由于胆汁流动受阻，不能从肝脏中排除，从而导致婴儿粪便呈现出白色、灰色或黏土色。在上述所有情况下，你都得寻求医生帮助。给沾着婴儿粪便的尿布拍张照片，然后将其放在塑料袋里带到医院供医生参考诊症。

纯母乳喂养的婴儿会排出黄色稀便，而且他们在每次吃奶前、吃奶时和吃奶后都有可能排便。一些母乳喂养的婴儿可以连续10天没有大便。母乳喂养的婴儿从来不会便秘，所以你可以继续哺乳，只要他放屁了，跟着就会排便。

婴儿还会排出大量的尿液，所以刚出生的宝宝会尿湿很多尿布。这意味着他体内的水分平衡很好。如果你家宝宝的尿布是干的或是他没有排尿，你就需要去找医生为宝宝检查一下了。

你的宝宝可能需要额外喝一些牛奶来帮助他保持液体平衡。如果宝宝喝奶喝得很好并且体内水分平衡的话，他的小便就会非常清亮。如果他身体里的体液不足，尿液就会变暗，呈现出浓重的深黄色，通常尿里还含有尿酸盐，使尿布沾上橙色的结晶。如果是这样的话，宝宝就需要更多的母乳来补足水分了。不要给婴儿喝白水或糖水。

婴儿便中带血

牛奶蛋白是导致新生儿食物过敏最常见的敏源之一。你会注意到婴儿的粪便里有血，你要做的是拍一张带血粪便的照片，或是在看医生时带着这片沾着血便的尿布。有些人可能会觉得这么做很恶心，但是为了自己的孩子这样做意义就大不相同了。如果你正在哺乳，儿科医生就会建议你拒吃一切乳制品。如果你的孩子对牛奶过敏，你就要避免饮用牛奶同时避免食用一切含有牛奶的食物了。

如果婴儿的粪便里继续带血，儿科医生会建议你开始给他喝特殊配方奶粉，且在他大便恢复正常前都不要哺乳，你得把母乳挤出来。就像你知道的那样，特殊配方奶粉闻起来很臭（婴儿的粪便也很臭），但是小婴儿会很开心地喝下这种奶粉。知道这些有备无患。

如果婴儿有任何患胃肠炎的迹象，医生可能会让你将婴儿的粪便样本送去做病理学检查。

婴儿的体重

我很担心婴儿体重减轻并且持续减少。在婴儿出生4~5天里，可能会失去出生时体重1/10的重量。但是，一旦妈妈开奶泌乳后，如果婴儿补充了额外的配方奶或是纯配方奶喂养就不会掉那么多体重，事实上，这些婴儿在出院时体重不减反增。

超过1周大的婴儿平均每周体重增加100~150克。所有婴儿都是不同的：有的每周增加 50～70 克，有的可能增加 300 克。如果婴儿体重持续增加并且符合生长范围百分比的话，上述两种体重增长情况就都符合正常规律。如果婴儿在出生 6 周内生病，首先会拒绝喝牛奶，所以对于年龄小于 6 周的婴儿来说，要尽快就医诊治。如果妇幼保健护士给你家宝宝称重时每周体重的增幅不太稳定也不要感到惊讶，因为根据年龄和活动量不同，每个婴儿每周体重的增长量也会有所不同。母乳喂养或是配方奶喂养的宝宝不可能增加太多体重。

幼儿早期不正确地摄取高脂肪食物会导致肥胖。因此，如果你用配方奶或母乳喂养的宝宝在胳膊、腿和肚子上出现很多肉褶，只能说明他非常健康而且营养良好。不要理会那些说你家宝宝超重的刻薄言论。等孩子两岁大时，就会到处跑了，届时自然能够消耗掉身上这些多余的脂肪。

随着母乳量的增加，婴儿的吮奶量和体重也会增加。每个婴儿的情况都不一样，而且婴儿们每周增长的体重量也都各不相同。如果你家宝宝的体重正在减轻，而且一直在减少，你就要找专业医务人员给孩子检查一下了。

用宝宝健康手册中的生长百分比对照表可以对同年龄同性别孩子的体重、身高和头围进行比较，据此评估你的宝宝在生长对照表上所处的位置。为孩子绘制发育测量图可以让你大致了解他的身体发育情况。这种对照表也能给你的医生或妇幼保健护士提供总体参照，看看你家孩子是否发育正常。

根据生长百分比对照表比较 100 个同龄孩子，如果某一婴儿的体重位于 1/10 位置，意味着 90% 同龄婴儿比这个婴儿的体重更重，身长更长。如果婴儿的身高和体重都处于 3/5 位置，说明他比其他 60% 同龄婴儿都更高更重。

饥饿的婴儿

饥饿的婴儿睡不着觉！很多新手父母联系我，说他们的孩子烦躁哭闹、放屁很臭、有绞痛或有网上搜到及闺蜜提到的各种其他症状。

在绝大多数情况下，婴儿啼哭只是因为他饿了，给他喂奶就行。我会在整本书中不断提醒你：你不会喂撑婴儿，但却可能让他没吃饱。男婴总是很饥饿，所以如果你家是个男宝宝，就请记住，你有时候可能真的没法喂饱他，尤其是孩子爸爸身高有 1.9 米的话，宝宝的食量就更大了。

饥饿的婴儿会一直醒着大哭，嘴巴张开左右摇头，想要找乳头吮奶。他虽然身体无恙，但却非常饿。饥饿的婴儿需要喝母乳，或者如果他已经直饮母乳很久的话，就需要补充一些配方奶了。你会发现宝宝喝饱奶会变得截然不同，能安然入睡了。

请注意，不要用安抚奶嘴替代奶水，因为安抚奶嘴不能为婴儿提供能量。它或许可以使婴儿得到安抚，防止他大声啼哭，因为婴儿会去用力吮吸安抚奶嘴，但却无法获得任何可以帮助他生长所需的食物，也无法让他平静下来最终安然入眠，更无法令他变成茁壮成长的快乐宝贝。可以等宝宝喝饱奶再用安抚奶嘴哄他睡觉。

啼哭的婴儿

哭是婴儿发育过程中的一种正常行为。有些婴儿哭得很厉害，即使你怀孕前就知道婴儿哭闹是常事，但是如果轮到自家孩子长时间啼哭而你又没什么办法哄好他的话，便会不安得无以复加。婴儿通常在大约两周大时开始爱哭，并且这种状态可能一直要持续到大约 12 周大时才能好转。所有婴儿都会经历这样一段哭闹的日子。

我听许多妈妈说她们对啼哭的婴儿束手无策，觉得非常痛苦沮丧。我们都有这种感觉。如果你和刚出生的宝宝在一起，这时所有人又都盯着你看的话，情况可能会更糟——你真会感觉糟透了。（我在超市和商店遇到带着哭闹婴儿的妈妈就会对她们说："别担心，孩子哭闹不会影响别人，请你保持微笑，尽快回家便是了。"）

我儿子因为胃液反流哭了好几个月，真的非常痛苦。我知道他没生病，因为他长得很快，而且我的奶水也很充足。但他还是啼哭不止。我记得当年和好友克莱尔每天一起散步时，她儿子汤姆全程都在睡觉，而我却一手抱着拉克伦一手推着婴儿车，因为我一把他放下他就会立马哭闹起来。好消息是，他现在已经健健康康地长到 22 岁了，但我犹记得他当年不断哭泣的情景以及我作为新手家长的那段艰辛历程。

如果你家宝宝不停哭闹，网络搜索、闺蜜和家人朋友都会告诉你说孩子得了绞痛，大家在遇到婴儿不断哭闹的情况下都会提到这种病。他们会告诉你，如果婴儿向上蹬腿就说明他很疼，这就是绞痛。请记住：如果你家宝宝真的生病了，他肯定会很痛苦。

要应付哭泣不止的婴儿，真正遇到的难关是你会因为自己无法止住孩子的哭声而觉得自己很失职、满心内疚，有时甚至还很羞愧。宝宝看起来真的很疼，因为他哭的时候五官都皱在一起了，双腿还向上蹬踹，就像得了肠痉挛一样，你可能还没回过神来，就已经带他去全科医生或当地医院做检查了。可是等你到达医生诊所时，孩子却奇迹般地笑了，吐着舌头开始扮鬼脸，看起来像是全世界最幸福的小孩儿。我记得自己当年没给儿子的小床铺床单，而是铺了一件我的 T 恤衫，希望他闻到我的气味能够踏实入睡。你也真的什么方法都不妨一试。

下面是一个复选表，可以让你放心知道婴儿出生前 6 个月啼哭再正常不过了，即使哭声似乎永远止不住也不用太担心。

啼哭游戏

C	R	Y	I	N	G
宝宝的哭声似乎永远不会停止	亲戚告诉你说孩子哭是因为绞痛或肠气	你的宝宝似乎总是不太高兴	你的宝宝看起来好像很疼	宝宝哭闹的情况在下午或者晚上更严重	宝宝哭闹的情况会从 2 周大一直持续到 12 周大

　　C 宝宝的哭声似乎永远不会停止。朋友家的孩子肯定没你家宝宝哭得厉害。事实是，他们很可能也经历过孩子哭闹不止的时候。

　　R 所有亲戚总是对你家宝宝的啼哭说长论短。他们说"一定是绞痛"或"你母乳不足"。亲朋好友的这些评论不会给你带来任何帮助。

　　Y 你的宝宝似乎总是不太高兴。在妈妈群活动时，你身上留着宝宝吐奶后残留的奶渍，但是其他妈妈都穿着黑色牛仔裤，而身上却一点呕吐渍都没有。

　　I 你的宝宝看起来好像很疼，他的小脸拧在一起。那些快乐微笑的婴儿是怎么回事？

　　N 孩子哭闹的情况在晚上会变得更糟。宝宝一到吃晚饭时就会开始大哭。你给孩子喂奶时你的另一半还得把饭喂给你吃。当然了，给配偶喂饭可不是缔结婚约时规定的内容。[1]

　　G 这种哭闹似乎是要持续一辈子似的，但宝宝大约 12 周大时就真的不再这样了，所以，翘首期待这一天的到来吧！

　　让我难过的是，我听说有些父母会对啼哭的婴儿发脾气，我甚至还听说有些父母觉得哭闹的孩子很"讨厌"。让我们停下

---

　　1. 欧美国家夫妇结婚的婚礼仪式上，神父会在缔结婚约时询问新婚夫妇是否"无论疾病还是健康，或任何其他理由，都爱他（她），照顾他（她），尊重他（她），接纳他（她），永远对他（她）忠贞不渝直至生命尽头？"此处是作者的一种风趣幽默的表达。

来好好想想我们在说什么胡话吧。婴儿对此也别无选择，因为他只会啼哭。他还只是个小婴儿而已！重要的是你得清楚只有那些小大孩才会出于某种目的哭闹不止，你的小宝宝目前还不具备这种能力。如果，作为父母，这种哭闹让你感到不知所措，无法应付，大可伸出手来找人帮忙。

在下面这种情况下感觉糟糕是很正常的：你看着所有朋友和身边的妈妈们，她们的宝宝都在地板上踢着小腿哈哈笑，而你却得抱着啼哭不止的宝宝四处来回转悠。你看着那些女人，不禁会想：她们是怎么做到的？为什么我家宝宝总是哭呢？这同样会让你觉得很崩溃。你在离开聚会时肯定会想，你和你家宝宝到底怎么了，为什么他看起来总是不太开心，更糟糕的是，他在回家路上还是一直哭个不停。

然后，墙上挂钟的时针指到了晚上6点，宝宝哭得更凶了。这厢，宝宝的哭闹不断升级，那厢，你便抱着他满屋子溜达，给他喝奶，还打开了据说可以安抚所有宝宝的白噪音。但这一切都无济于事。

在万般绝望的无数个夜晚，你会让另一半开车带宝宝出去兜风。他能一出门好几个小时，开着车在城市和郊区来回转悠，宝宝则在车里睡得很香甜。但是他刚一靠边停车，宝宝就会开始大哭，所以他只好接着开车出去转悠。这件事都快把你的另一半逼疯了，他甚至会跟同事讲自己是如何带孩子开车兜风才能止住哭声的。幸运的是，他的同事们肯定对此都能心领神会，因为他们都是过来人，也都那么干过。

你一边上厕所一边看电视和看杂志时（因为这是你唯一空闲的时间），会注意到那些名人的宝宝似乎都很完美，妈妈和宝宝都相当镇定，她们外出时还都穿着光鲜亮丽的服装。你肯定会不由自主地问自己：他们到底是怎么做到的？

你再回头看看自己住院时与刚出生的宝宝一起拍的合照，你也曾经一度抱着一个安静的小可人啊，后来怎么全都变了？除了一些高兴的时候，他就只会不停地哭泣尖叫了。有时，作为母亲，你会非常缺乏安全感，因为其他人似乎都能哄好你的宝宝，而你却偏偏不行。

这算是一个坏消息。

好消息是，宝宝会变得越来越好的，这种哭闹的状况不会一直继续下去。等孩子长大些他就不会这样了。下面有一些积极的做法可以帮助你和家人度过这段时期。

助产士凯瑟琳提出的应对啼哭婴儿的生存技巧

· 检查一下你的宝宝，确保他没有不适之处。

· 给宝宝喂奶。

· 关爱你的宝宝。

· 去看儿科医生或妇幼保健护士时，让他们排除一下孩子是否有胃液反流和（或）牛奶蛋白过敏的情况。

· 如果孩子患有胃液反流，请使用医生处方药，切勿自行到药店购药服用。

· 尽量多竖着抱宝宝。

· 每天早晨起床后自己先洗个澡。

· 在另一半出门上班前让自己穿戴整齐，别管时间早晚。

· 将你的感受向你的另一半倾诉，并告诉他应该怎么帮你。

· 确保你在家里能有条不紊地把事情做好，并且有人能帮你完成做饭、打扫卫生和洗衣服等家务。

· 在你生气或焦虑时，把宝宝安全地放在婴儿床上，然后走开几分钟。深呼吸，整理一下思绪，然后再回去重新抱起宝宝。

· 要记住你的宝宝不是为了伤害你或者让你难过才不停哭闹的。

· 要知道，宝宝并没有生气、乱发脾气或是故意刁难你——他还只是个小婴儿而已。

· 确认一下孩子是否因为拉屎撒尿弄脏了尿布才会哭的。

· 让妈妈、婆婆和好朋友都来帮忙。

· 不要觉得你的宝宝出了什么问题然后试着去解决；要把他看作是健康的孩子。

·因为你要带着宝宝一起走很多路，购买一个婴儿背带就可以让你竖着将他背在胸前了。

·买一个安抚奶嘴。有时候，宝宝吃饱奶依然啼哭的话，可以通过安抚奶嘴得到安慰。

·如果你很容易情绪化，而且唯独你的宝宝容易经常哭闹的话，就先不要参加新手妈妈的团体活动。

·给朋友打电话倾诉一下，每天出门散散步。

·等另一半回家后，让自己洗个澡或是躺在床上静静休息 15～30 分钟。

作为新手父母，首先要学会的一点就是要有耐心，为人父母一直都得对孩子耐心十足。从新生儿到蹒跚学步的幼儿，从幼儿园小朋友到小学生，再到十几岁的青少年，孩子成长的所有阶段都需要父母耐心的关怀。

第一周
哺育、玩耍和睡眠习惯培养

洗澡—喂奶—睡觉

　　从出院回家第一晚就可以开始培养婴儿的洗澡—喂奶—睡觉习惯。如果妈妈们能在晚上 9 : 45 左右哺乳后上床睡觉就好了，但我发现新手妈妈们总要花儿天时间才能不再"质疑"另一半照顾孩子的能力。

　　起初，每个婴儿洗完澡喝完奶都会睡觉，不过睡眠时间长短不一，随着宝宝一周周变大，体重也在不断增加，他的睡眠时长也能逐渐加长。最初，他的睡眠时长取决于出生时的体重和出院后的体重。每个新生儿都至少能睡一个整觉，洗澡有助于"训练"婴儿在晚上 11 点以后睡整觉。如果你和宝宝都能从晚上 11 点一直睡到深夜两点，你就能避免出现因为缺觉而造成的那种令人感到虚弱无比的"时差感"。

　　婴儿出生第一周，你可能会发现他能在洗澡后睡 2~3 小时。这很正常。等他睡醒了就把他抱起来，给他喂奶。让他吸吮单侧乳房或给他喝半瓶奶（如果你选择用配方奶喂养）。喂完奶后，给他解开裹布，换好尿布，然后拍拍嗝，再重新包好裹布，用另一侧乳房喂奶或是让他喝完奶瓶里剩下的配方奶。然后，抱着宝宝，多亲亲他，再把他放回小床上让他睡觉。如果他再醒过来，就把他抱起来再喂一次奶——要记住，婴儿出生前几周和前几个月需要摄入很多能量，你不会把宝宝喂撑的。

等他再醒过来时，将他抱起来喂奶，解开裹布换好尿布再重新包上裹布，然后继续喂奶。婴儿出生第一周里，喂奶时间可能需要长达两小时。这让人感觉似乎不是很规律，但是随着婴儿体重不断增加，喂奶间隔会从2~3小时一次延长到3~4小时一次。他可能仍然会混淆白天和黑夜，所以要有耐心，他会慢慢调整过来的！

一些专业人士坚持主张新手妈妈一整夜都不要与婴儿有任何眼神接触，认为这样才能不"过度刺激宝宝"。为了让婴儿乖乖睡觉，居然让妈妈们不要正视自己的孩子，不要去关爱自己的孩子，我觉得这实在是太可悲了。

请疼爱你的宝贝。夜里与他进行眼神交流也无妨，他也许还能对你微笑呢。你与新生宝宝一起共度的夜间哺乳时光是短暂而珍贵的：看着他，疼爱他，告诉他你是多么在乎他。

发臭的脖子、腋下和耳后

给婴儿洗澡时，有几个部位要注意保持清洁干燥。因为婴儿的下巴底下好像有更多的皮肤皱褶，而且他们还没有脖子，皱褶之间就会存住水分，进而会引发又湿又臭的皮疹。在婴儿出生前几周，腋窝处可能还留有一些胎脂——在你给他洗澡时，要将他的腋窝清洗干净，并用毛巾轻轻蘸干。爽身粉能迅速吸收水分，也有助于防止皮肤摩擦发炎。

通常情况下，婴儿睡觉或头部歪向一边侧卧时会漾奶。如果这种情况日复一日地发生，变干的奶水就会堆积在耳后和耳垂那里。一定要用温和无刺激的肥皂清洗婴儿的耳垂并擦干他的耳后。如果婴儿的皮肤发炎了，可以涂抹一些预防尿布疹的爽身粉。

日间喂养

婴儿出生前 7 天的日间喂养不会发生太大变化。刚出生的婴儿可能真的很困，可能是因为黄疸，也可能是因为他自然进入了一种休眠状态。人们已知的是，胎儿的活动是昼夜颠倒的，也就是说他会在白天酣然入睡，但是到了晚上就会进入活跃躁动状态。

等他们出生后，依然保持着原先的活动方式，如果你仔细想想，小婴儿也确实只能保持这种活动规律。所以你会发现婴儿在白天非常安静、困倦，而到了晚上，就会变得非常警惕、清醒，一整夜都不想睡觉。不要惊慌——你得顺其自然，在你怀疑宝宝是否能睡觉时，先看看自己如何才能为了应付这些漫漫长夜而做好准备吧。稍晚些给婴儿洗澡是有帮助的，但是他需要大约两周的时间才能改掉昼夜颠倒的习惯，进而回归正常的睡眠时间。

日间喂养通常需要每 3 小时进行一次，然后，这个不到 1 周大的小婴儿就可以心满意足地重新入睡了。白天让宝宝睡足 3 小时就把他叫醒，因为他可能会一直睡 4~5 小时，而你宁愿他能在夜里睡这么长时间。

从上一次喂奶结束的时间开始计算下次需要给婴儿喂奶的时间。也就是说，如果宝宝在中午 12 点结束吃奶然后睡觉的话，就在下午 3 点叫醒他喝奶。如果你从一开始喂奶就计时，而婴儿吃奶又用了 1.5 小时的话，他只能睡 1.5 小时就又到下次喝奶的时间了，这样一来，他根本没睡够，也就不可能清醒警觉地开始吃奶。相信我，如果婴儿饿了，要不了 3 小时就会主动醒过来要奶喝的。直到晚上洗澡前，婴儿一整天都需要很多次哺乳，等洗完澡他就能用奶瓶喝奶了。

尽量不要过分使用安抚奶嘴，因为它不能给宝宝提供生长所需的能量。在婴儿出生前 6 周，如果你给他喂饱了奶而他又因为胃液反流开始蠕动不安的话，可以让他用一下安抚奶嘴。小婴儿绝不会把你的乳头当成是安抚奶嘴，因为不论他何时吸吮，都能从你的乳房里喝到乳汁。

玩耍

婴儿出生第一周时，白天和他一起在地板上做游戏很重要。

刚一开始可以让他肚皮贴地趴几分钟或者仰卧几分钟，每回喂完单侧乳房准备切换到另一侧乳房的间歇也可以这么做。在地上铺一块能让宝宝觉得温暖舒适的毯子。婴儿出生第一周里，每次玩耍的时间不宜超过 3~5 分钟。看着他肚皮贴地时把头微微仰起：他会仰起头来左右摇晃，你会惊讶地发现，刚出生的小宝宝虽然只有几天大，却能这么聪明，这么强壮。他的头部动作看起来很忙乱，但实际上，这是他与生俱来的"觅食反射"在帮助他寻找乳头，等找到乳头他就能吸吮乳汁了。小婴儿是不是很聪明？

第一周即将结束时……

· 居委会 / 社区的妇幼保健护士要做一次家庭访视并为你的宝宝称重。

· 你的乳房会感觉非常充盈但是不再难受，乳房上没有红色斑块。但是乳房可能会充血，乳头可能会有破皮或皲裂的创口。

· 你的恶露量会减少，而且很黏稠，呈红色。

· 你在排尿时已经不再觉得疼痛了。

· 确保让你自己每天都能顺畅排便。即使你可能很怕排便，但是请相信我，就算你觉得伤口快要裂开了，其实也根本不会发生伤口撕裂的情况。

·多喝水，保持合理膳食。你正处于哺乳期，要多喝流质食物并花时间好好吃饭。

·要记住，你得先照顾好自己才能更好地照顾你的孩子。

·你的宝宝晚上很吵，会发出很多奇怪的咕噜声和呻吟声。你很可能会在产后第二天或第三天左右经历产后情绪低潮。

·有时候，宝宝吃奶后可能会漾奶或吐奶。

·宝宝有很多肠气（这是无害的）。

第五章

出生第二周

作为父母，你们已经成功完成了第一周的任务。祝贺你们！

你们肯定无法相信自己居然撑过了这个星期，也肯定无法想象在你们的生活中如果没有这个小家伙会是什么样的：这个小家伙，正在你面前慢慢长大，发出嘈杂的咕噜声，整晚来回蠕动身体，把你俩吵醒后还能酣然大睡。然后等到白天，他又会变得非常安静。但这一切都是值得的。

在我们两口子懒洋洋地躺在沙发上时，我曾很担心让马克斯睡在我们身上，我不想让他养成坏习惯。因为经常有人说，别给孩子惯出坏毛病来。但是凯瑟琳提醒了我们，他才只有两周大而已，我们爱他还来不及呢。这真是个让人伤脑筋的问题。不过事实也确实如此，我们爱他还爱不够呢。我俩很愿意他在生命初期睡在我们身上。我们是一对另类的家长，很享受这段特殊的亲子时光。我真的可以毫无顾忌地让这个呼吸轻巧、温暖可人的儿子躺在我怀里酣睡。

萨 姆

本周，你可能很想知道自己那个安静酣睡的宝宝怎么突然变了。他会开始四处张望，哭个不停地寻找食物。不要认为婴儿总不消停，你应该想到他现在很饿，需要不断补充大量食物。

婴儿需要体重达到至少8~9千克重的时候才能在晚上睡整觉。然而，如果你的宝宝总是很困而且睡不醒，黄疸严重或是喂养不当，你就需要带他去看看医生了。

为了让婴儿的体重增加，你得在出生6周内经常给他喂奶。一些婴儿表面上看起来好像每天要睡18个小时，其实不然，他们不能睡这么久。婴儿需要吃奶才能增加体重，要做到这一点，就必须保持清醒才能定期喝到奶水。

几条黄金法则

· 不能将婴儿喂撑。

· 你可能没喂饱婴儿。

· 母乳或配方奶是婴儿出生前12个月的主要食物来源。

· 健康正常足月出生的婴儿啼哭是因为两点：饥饿

和不适。这种不适通常与胃液反流或牛奶蛋白过敏有关。

· 婴儿体重需要达到至少 8~9 千克重才能在晚上睡整觉。

· 婴儿年龄需要足够大才能整晚安睡。

· 新生儿不会自我安抚，需要一边吃着奶一边才能入睡。

· 不要让小婴儿在婴儿床里长时间哭泣。

· 将婴儿抱起来，四处走走，疼爱他，和他说说话。

洗澡—喂奶—睡觉习惯训练

许多年前，我为新生婴儿制定了一套洗澡—喂奶—睡觉习惯训练方法，鼓励新手父母从出院回家第一晚就开始训练。有些家长会为自己设定极其严格的习惯培养法，结果根本无法坚持下来，还给自己施加了非常大的压力，搞得难以应付，最终往往还让家人觉得苦不堪言！

我的建议是每晚 10 点左右给宝宝洗澡。给新生儿洗澡最糟糕的时间是下午 6 点，因为他洗完澡就会放松下来。我希望新生儿晚上 11 点以后再开始睡整觉。一些专业人士建议新手父母隔天或每周给孩子洗一次澡。其实婴儿每天晚上都需要洗澡，我们应该从婴儿时期就开始养成洗澡这项持续一生的生活习惯。

　　孩子给我们带来了很多欢乐，但也确实令我们的日常生活发生了很大变化，让我们失去了曾经拥有的自由。因为凯莉要负责给儿子利奥哺乳，并且一天中大部分时间都在照看他，所以我们决定晚上由我负责给利奥洗澡，然后再用奶瓶喂他喝奶，这样一来，我们父子俩便有更多时间能在一起了，还能让凯莉好好休息一下。

　　要知道，利奥可以用奶瓶喝奶而不完全依赖凯莉哺乳也是很有好处的，尤其是出现突发状况只能让他用奶瓶喝奶的时候。我们把他的洗澡时间慢慢提前到了晚上6点，并且两年来几乎一直坚持着这种洗澡习惯。

马　克

　　在婴儿出生早期，给他晚上洗澡有助于身心放松，就像我们忙碌一整天后洗澡放松一样。我建议由另一半负责给宝宝洗澡，妈妈则在晚上 9:30 ~ 9:45 上床睡觉。最终目的是让你的宝宝从晚上 10 点洗完澡用奶瓶喝完奶就一直睡到凌晨 3 点或 4 点。此时，正是我们的时差时间，你会觉得全世界的人都在睡觉。如果你独自抚养宝宝，也可以遵循同样的习惯训练法，如果可能的话，可以请身边值得信赖的人过来帮你给宝宝洗澡，用奶瓶喂奶，然后将宝宝哄睡。

晚上10点给婴儿洗完澡后，帮他包好裹布，喂他喝1瓶配方奶，然后把他放到床上睡觉。等他下次醒来时，应该已经是凌晨2~3点了，妈妈可以直接哺乳，这次哺乳可能需要长达1.5小时，但夜里往往只需要喂这一次夜奶就足够了。给宝宝洗完澡喂好奶后，另一半就可以去睡觉了——家里可以每次只留一人受累照顾宝宝。

所有遵循这种训练法的妈妈都对我说，她们觉得自己的身心都能从照顾婴儿的繁重工作中抽离一阵子，简直太棒了，她们可以熟睡4小时，有时甚至能睡5小时。良好的睡眠可以保障你有能力继续应付前方依然漫长的日子。你的另一半也能一觉睡到早晨，不用起夜照顾宝宝。

我因为工作关系接触到的所有遵循了这种习惯训练法的妈妈们的母乳喂养时间似乎都能更久，全都超过了12个月。她们不但能从照顾婴儿的工作中短暂抽身后睡上3个多小时，还能同伴侣一起合作照顾孩子，进而让家庭变得更加和睦，小宝宝也能获得充足的营养，变得快快乐乐的！

你现在看到家庭成员之间一起协作的好处了吧。

白天，由你在家操持家务，负责喂养和照顾你们的孩子，你的另一半在职场工作。而后，等他回到家，你给宝宝喂奶，然后自己吃晚饭，到晚上10点再由你的另一半给宝宝洗澡，用奶瓶喂奶，然后放到床上哄睡。

这段时光对于你的另一半来说肯定很美妙，在你睡觉时，他可以和宝宝亲密无间地待在一起。然后，等你在宝宝下次睡醒时起床喂奶，应该已经是凌晨 3~4 点了。这样一来，你就可以从晚上 10 点一直睡到宝宝醒来为止。请注意：你的乳房不会被奶水撑"爆炸"，根本不需要挤奶，当你醒来时，你的乳房会充满奶水，刚好可以为哺乳做好准备。

随着婴儿体重不断增加，年龄逐渐增长，睡眠时间也会相应变得更长，甚至一觉睡过午夜，并逐渐超过凌晨 2 点、3 点、4 点和 5 点，我建议你在接下来的 6~10 周内逐渐把宝宝洗澡的时间每隔几天就提前 30 分钟，不用一直都等到晚上 10 点再给宝宝洗澡。

婴儿出生 8~9 周时，你可以在晚上 9∶30 给他洗澡，然后提前到晚上 9 点，等他长到 3~4 个月大时，就可以在下午 6 点洗澡、吃奶然后睡觉了。而后，等到晚上 10 点宝宝还在睡梦中时，你可以用"睡眠喂养法"或"滚动喂养法"来给他喂奶。

我行为处事一向讲究条理，如果不能按照我自己的想法行事就会令我感到非常挣扎。生孩子前，我以为一切都是很灵活的。其实小婴儿会在很多方面给你带来挑战。我需要学会如何让自己放松，如何顺其自然，但更重要的是，我必须学会如何放自己一马，接受别人的帮助，利用休息时间好好放松，做些自己喜欢的事情，比如出去散散步或看看书，而不是把这些时间都用来做家务。凯瑟琳为我们提供了非常宝贵的指导和支持，让我们在学习育儿的过程中明白了应该如何起步，适应，直到最终得心应手。

西蒙娜和马克

睡眠喂养法或滚动喂养法

当你的宝宝 6 个月大或者体重达到 8~9 千克重时，就可以采用睡眠喂养法在晚上睡梦中哺乳或用奶瓶喂奶了。可以让宝宝吃完奶后从晚上 6~7 点开始睡觉，然后等到每天晚上 10 点时你将他抱起来，让他在包着裹布的睡眠状态下吃奶，一直这样喂到他大约 10 个月大的时候。等把他喂饱了，拍完嗝，亲亲抱抱他，再将这个睡梦中的小宝宝放回床上……希望你们全家都能睡个安稳觉。

睡眠喂养法可以让婴儿补充额外所需的牛奶，所以他在凌晨 1~4 点时能一直睡下去。可以让你的家人在你睡觉时用睡眠喂养法喂宝宝喝奶，或者你希望自己亲自给睡梦中的宝宝哺乳也行，想怎么做都取决于你。我当年采用的是纯母乳喂养，而且我很享受这段经历。但是现如今，我发现有更多的人都想参与到喂养婴儿的工作中来了。

没有科学证据表明婴儿用奶瓶喝奶后就会拒绝接受哺乳。事实上，如果你的宝宝既接受奶瓶也接受乳头的话，特别是在断奶期间或是你要回归职场时，这会给你减轻很多负担。

助产士凯瑟琳提出的婴儿洗澡方法

给宝宝洗澡对家长和孩子来说都是一次美妙的经历。首先，要把一切都准备就绪。把浴盆装满温水，水要足够深，能一直没到宝宝脖子的位置。测试一下水温。为宝宝准备好干净的浴巾、洗脸小毛巾、一些尿布、一身干净的小背心和连体服。每天晚上都给宝宝洗个澡，但不要用淋浴，因为这样做很危险，大人很容易摔倒或是让宝宝从手里滑脱。盆浴能使宝宝觉得平静、温暖和放松。

首先，要给婴儿脱掉衣服，但先别解开尿布，以防他临时大小便。把他用浴巾包起来，用腋下夹着抱起宝宝，这样他的头就能倾斜在浴盆边上了，就好像要接受洗礼时的样子。再用小毛巾呈打圈状轻轻擦拭他的小脑袋。

这个动作可以让你打圈擦拭到囟门周围（宝宝脑袋上最柔软的地方）以及双眉之间，进而防止生成乳痂。一层层干燥的皮肤聚集在一起会形成乳痂，家长们通常不太敢擦拭宝宝头上较软的区域，认为这样做会给宝宝造成伤害。这些由干燥皮肤堆积而成的乳痂可能会越积越厚，还有臭味。如果你家宝宝有很多头发，就可能需要很长时间才能去除这些乳痂。所以，我们最好防患于未然，轻轻打圈擦拭婴儿头部，然后把他抱回操作台，轻轻打圈擦干头发，不要往他的头发上或头上抹油。

现在，你可以解开婴儿的浴巾和尿布，用手托住他的头部将他抱起来。在浴盆中抱婴儿最好的方法是轻轻把他放在你的手腕内侧，同时用你的左胳膊拢住他，并用中指和食指轻轻抓住他的左胳膊。抓住婴儿的双腿，轻轻把他放入浴盆，先让他的屁股入水，然后再慢慢将他的整个身子放入浴盆，直到水位刚好没到脖子那里。

你可以放开婴儿的双腿，让他漂浮在温水中好好享受，或者用小毛巾或你的手放在婴儿的肚皮上，以便让他在洗澡时觉得更有安全感。

新生儿洗澡时不需要用肥皂，因为他们本身就很干净，用温水清洗就足够了。大一点的婴儿也不需要用太多肥皂，因为过多的肥皂会引起皮肤刺激。

待你的宝宝在水中安顿下来，就会慢慢睁开眼睛四处张望。让他漂在水里，看着他一边慢慢放松一边轻轻睁开眼睛。让婴儿待在水里多长时间没有严格的限制。如果他在浴盆里哭了，说明水温可能太冷或者太热。

也许，你家宝宝大哭是因为他的上半身沾了水而且还暴露在空气中，这说明浴盆可能不够深。

如果你的宝宝很安静，并且在水里非常享受，就可以继续让他再洗一会儿。他可能会在你把他从浴盆里抱出来时号啕大哭，但这只是因为他觉得身体被弄湿了，一旦用浴巾裹住他，他就会破涕为笑。

要用毛巾蘸干婴儿的身体，擦干他的腋下和所有的皮肤皱褶。如果两处湿润的表皮相互摩擦就可能引起皮肤刺激并导致感染。托着婴儿的手肘将他的胳膊抬起，如果你想拉着他的小手去抬他胳膊的话，他会本能地把胳膊肘缩向体侧。擦干宝宝后，先给他穿上尿布，这样可以防止他临时拉尿，不至于弄脏了让你再给他洗一次澡。给他穿件小背心，然后再按照你的喜好给他穿上其他衣服。用"凯瑟琳的裹布法"里提到的方法给他包好裹布。你的宝宝现在就可以喝奶了。

凯瑟琳给我们提出的最好的建议就是每天晚上 10 点开始给宝宝培养洗澡习惯。不管亚历克西斯白天有多不安，只要一洗澡她就能立刻镇定下来，就像施了魔法一样。她从 6 周大时就能从晚上 11 点一直睡到第二天早上 6 点了。

仙黛尔

有数千名家长都试用验证过这种做法，对 10～14 周大的婴儿一直行之有效。你要有耐心并且坚持不懈，你的宝宝就能一开始睡 4 小时，然后是 5～6 小时，再往后就能睡 7～8 小时了。这种改变需要 8～9 周时间才能奏效。为人父母，保持耐心是我们需要学习的第一项技能，虽然你现在觉得很疲惫，但你为宝宝起夜的次数不会很多，时间也不会太久。

当你家宝宝长到 6 个月大或体重达到 8～9 千克时，就可以在晚上 6～7 点给他洗澡后包好裹布，然后在哺乳后让他上床睡觉。等宝宝长到 12 个月大时，你的另一半就可以每晚在宝宝睡觉时抱起他喂奶——这就是所谓的"睡眠喂养法"或"滚动喂养法"，这可以给宝宝带来额外所需的能量，令其体重增加。我认为，这个月龄和体重的婴儿可以到凌晨 3~4 点睡醒时喝母乳，然后继续睡到早上 6~7 点。

自打我们开始晚上给宝宝洗完澡后才喂配方奶，再让宝宝上床睡觉起，我妻子就能早一些上床休息，抓紧时间额外多睡几小时。这也给我和儿子提供了一段特殊的亲子时光。我希望所有新手爸爸都能有这段一对一的特别亲子时刻。

朱利安

不要做的事

在婴儿出生前几周，有几件事我建议你不要去做。不要：

- 在晚上 6 点给新生儿洗澡
- 在晚上 7 点让新生儿上床睡觉
- 按钟点给婴儿喂奶
- 认为婴儿有肠气不好，如果他哭闹则认为他很疼
- 婴儿啼哭时给他使用安抚奶嘴却不喂他喝奶
- 任由婴儿"通过啼哭来释放情绪"

我独自一人照顾儿子杰克。起初，我非常想在晚上10 点给宝宝用凯瑟琳提出的洗澡—喂奶—睡觉习惯训练法，但我认为自己还是应付不过来。为此，我妈妈建议我列一份名单，让大家在我儿子出生前 6 周都能轮流过来帮我。所以，我妈妈、姐姐玛丽娜和几个密友都成了我的帮手（事实上，她们都争着抢着给杰克洗澡）。

这种方法真的奏效了。我给杰克哺乳到晚上 9：45，然后把他交给当天轮值照顾他的人就上床睡觉。杰克每晚洗澡时都很乖，包好裹布后再喝一瓶配方奶。等他睡着后就会被放在我旁边的婴儿床里。我一直给杰克哺乳了 12 个月有余。如果你是单亲妈妈，请找人轮流帮忙，你也能做得很棒。

克莱尔

凯瑟琳的裹布法

胎儿在子宫内会被子宫壁紧紧包住，使他在移动时受到阻力。刚出生的婴儿具有原始反射，需要出生后一直将身体包裹起来维持这种反射。用一块轻柔的大裹布将婴儿包住，就能让他在吃奶和睡觉时得到安全感。

许多年前，婴儿大多采用趴睡的姿势，实际上睡眠质量都很好。随着 20 世纪 80 年代早期婴儿猝死综合征的提出，人们开始建议婴儿仰卧睡觉。从那时起，婴儿便开始采取更为安全的仰卧姿势睡觉了，但是由于原始反射和新生儿的手部运动，这种睡姿常常会令婴儿因为感到不安而无法正常睡觉。

通过对婴儿长期以来的观察，我发明了一种包裹布的方法，我权且称之为"凯瑟琳的裹布法"。这种方法可以让婴儿做到两件非常重要的事：一是婴儿的双手和胳膊是弯曲着包在裹布里的（因为每个婴儿都喜欢像这样睡觉）；二是他的臀部和双腿是弯曲的，可以充分运动。

小婴儿不喜欢双臂被人裹在身体两侧，他们会挣开裹布，最终伸出双臂把脸抓伤。事实还证明，把婴儿的双腿绑直会让他的髋部不能屈伸，这对婴儿是非常有害的。

包好裹布是保证婴儿良好进食和睡眠的关键。不要使用睡袋，只要一条尺寸大于等于 1.2 米 × 1.4 米质地柔软轻薄的纱巾就可以了。从婴儿出生到 6 周这段时间，每次吃奶和睡觉时我都会为其包上裹布。然后，我会继续包着婴儿睡觉，直到他长到 6 个月大莫罗反射或惊跳反射消失时为止。在此之后，我才会让婴儿睡在睡袋里。

包裹婴儿时，有两个重要的因素你必须时刻谨记。

· 婴儿必须能在裹布里自由活动双手。如果你把他的胳膊紧紧裹在身体两侧，会促使他在裹布里不断挣扎和蠕动，没有宝宝会喜欢被绑起来而无法挪动胳膊的感觉。

> ·婴儿的髋部必须能够完全活动屈伸。要做到这一点，你就不能用纱巾紧紧缠住婴儿的腰部和髋部。在腰部以上和胳膊以下裹纱巾时一定要弄得很宽松。

惊跳反射会随婴儿年龄的增长逐渐减弱，到婴儿6个月大时就可以不用裹布，这时自由活动手臂并把手指放在嘴里都能让他觉得很安全。你可以先将他的一只胳膊从裹布里放出来，随后再放出另一只胳膊。而且，通常在这个时候，婴儿已经能够翻身趴着睡觉了，所以就没必要再继续使用裹布了——只要让宝宝穿着暖和的衣服，然后把他放在婴儿床里就可以。

我家长子刚出生那会儿，有人告诉过我们要用裹布，但我们却浪费了很长时间才真正认识到裹布的重要性。到了第二个和第三个宝宝降生的时候，我们便从孩子生下来第一天起就开始在他们每次吃奶和睡觉时用裹布了。有些助产士会告诉你不要在医院里裹着宝宝喂奶，但是我们发现，不管我妻子直接哺乳还是我用奶瓶喂奶，用裹布都能让喂养过程变得更平静、更顺利。

对我来说，给婴儿摆弄裹布是我最胜任的育儿工作之一。每当我妻子准备给孩子喂奶时，我总能把宝宝包好后抱到她的身边。迄今为止，我一直是家里摆弄裹布的行家里手，尤其擅长给孩子包睡觉过夜用的裹布。只有让小婴儿觉得温暖舒服了，一家人才都能睡个安稳觉。

迪格比

玩耍时间：一切自有安排

婴儿会通过玩耍来学习。他们会模仿大人，然后花时间将这些观察转化为行动。让你的宝宝环顾四周，透过窗户看一棵树或一个影子，都能让新生儿非常着迷。市面上有很多婴儿玩具，不少商店也有很多据说能够刺激婴儿发育的特殊产品。我的建议是不要给婴儿提供太多玩具。简单的事物，比如你的声音和你在家里来回走动的身影就足以刺激你家宝宝了。

地面游戏

把婴儿放在学步车、秋千、摇椅、座椅上，或者只是把他放在某处坐着，都会打断婴儿的自然本性和发育规律。可以先让婴儿仰卧，然后肚皮向下趴在地垫上，婴儿出生第一周只让他在两次日间喂奶的间歇期这么玩几分钟就行，足以促进他的发育。

没必要把鲜亮炫酷的玩具挂在婴儿面前，比如挂着很多玩具的婴儿健身架。这只能鼓励他躺在那里盯着摆动的玩具一直看，甚至还会受惊吓，我们应该让他接受外界刺激并且好奇地环顾房间四周。婴儿喜欢自己的小手、小脚和脚指头，还爱看外面的大树和墙上的阴影。

婴儿所有的玩耍都应在地上进行，也就是说应该让他平躺在铺着干净地垫的地板上，而不是让他坐在座椅、学步车、秋千、软摇椅或是弹跳椅上。所有这些"物品"都限制了婴儿的自由，不仅把他局限在具体某一处，还阻碍了他循序渐进的自然发育规律。同样的，让婴儿固定坐在一个地方与让他坐在学步车和座椅上无异。

如果将婴儿固定在上述提到的这些花样纷繁的座椅上，他就无法探索周围的环境，无法移动身体和滚动身体，也就无法按照自然规律生长发育了。如果婴儿在一个地方坐得太久，会爬会走的时间就会比别的孩子晚，而且因为他在白天没有太大的运动量，晚上的睡眠质量肯定也不好。为了让成长中的婴儿睡得安稳，需要给他提供足够的食物和活跃的玩耍时间（用来消耗体力），这样才能收获良好的睡眠质量。

食物＋活动＝睡眠

趴卧练习

趴卧练习，指的是让婴儿肚皮向下趴一小会儿，从医院回家第一天起，尤其是等婴儿吃饱高兴时，就可以开始做这种趴卧练习了。当你喂完一侧乳房后，解开婴儿的裹布换好尿布，让他在等着吸吮另一侧乳房的间歇，肚皮朝下趴卧1~2分钟。当然，只在白天进行这项练习就可以了。

让他趴卧一会儿安静下来，然后再让他仰卧一会儿。每个宝宝都不一样，对地面游戏的接受度也不同，所以当你的宝宝开始抗议并哭泣时，就该结束地面游戏，然后把他抱起来包裹好后用另一侧乳房喂他吃奶了。

随着宝宝不断长大，可以逐渐延长他在地板上玩耍的时间。

婴儿按摩

做趴卧练习时，我很爱建议家长给宝宝做一做按摩，但是要让他穿着衣服。我们成年人喜欢在按摩时裸体，但是婴儿不穿衣服会觉得冷，他们对此会非常不开心。如果你给吃饱穿暖的小婴儿轻轻按摩他的背部、双腿、脑袋和胳膊，你和宝宝都会爱上这种婴儿按摩活动。

喂养、玩耍、睡眠之外的更多内容

我教给新手家长的喂养—玩耍—睡眠训练法是一种鼓励喂养和亲子玩耍并重的育儿方式。喂养—玩耍—睡眠法在理论上行得通，但在实践中却因人而异。喂养—玩耍—睡眠法并非仅限于这3个简单的动作；只有少数婴儿吃奶后能直接睡觉，睡醒后玩一会儿还能接着入睡。绝大多数婴儿需要吃更多奶水来补充能量，还要增加运动量（玩耍）才能乖乖睡觉。

因此，如果喂养—玩耍—睡眠法不起作用的话，许多父母肯定想知道失败的原因。这并不是家长的错，而是新手父母在学习如何操作喂养—玩耍—睡眠法时出现了问题。这种情况会像滚雪球一样越变越糟，使许多新手妈妈焦虑不已，她们想让婴儿床里大哭大闹的宝宝睡觉，但实际上此时孩子根本不想睡，因为他要么是很饿，要么是不太累还不想睡，要么就是两者兼而有之。

如果进行完一轮喂奶—玩耍流程后婴儿还在小床里啼哭，妈妈就会因为孩子不睡觉而变得很焦虑，并且开始尝试边哼小曲边拍着"哄睡"。但是这个时候，宝宝反而会越哭越凶，让新手妈妈觉得宝宝很不听话。

新手妈妈告诉我说她们能在婴儿房里这样足足折腾一小时，最终母婴双方都觉得痛苦不已。妈妈们会认为自己奶水不足，或者自己在育儿方面出了问题，又或者宝宝哪里不舒服，其实大多数情况下只需要让婴儿在地上多玩一会儿或多喝些奶，问题就能迎刃而解了。

每个婴儿早晚都有能乖乖睡觉的一天，但是他们每个人的入睡情况却是不尽相同的。你必须考虑到婴儿的月龄、体重和性别。比如，男婴和女婴在吃奶、玩耍和睡觉方面就有很大差别。

新手家长都可能对睡眠不足这件事没有思想准备。到目前为止，这也是大家找我咨询时遇到的最大问题。但是，我们可以通过很多实用的建议解决这个问题。以我的经验来看，那些噱头十足并且流行一时的做法都是行不通的。许多育儿书和未经训练的育儿专家都想教会父母运用各种"诀窍"哄婴儿乖乖入睡，专业医务人员甚至会告诉一些只有3～4天大（仍在医院里）的婴儿家长去"抱着婴儿，然后在他耳畔发出嘘嘘声，这样宝宝就能安定下来"。我可以毫不犹豫地告诉你，这样做是错的。

许多"睡眠学校"都在前赴后继地等着培训新手家长如何让婴儿整晚安睡。其中甚至不乏一些让家长去对那些月龄过小体重过轻的哭闹婴儿边拍边哄的做法，真是令人感到悲哀。我们不应该让这些育儿经验尚浅且容易动摇立场的新手父母们这样建立亲子依恋关系，也不应该让他们这样学习育儿方法。

你的宝宝是与众不同的个体

特别提示：并非所有婴儿都能整晚安睡。

他不会像你朋友家的孩子、你姐姐家的孩子、你邻居家的孩子那样睡觉。每个孩子都是不同的。没有哪本书里提到的睡眠习惯训练法是放之四海而皆准的办法。婴儿出生前几周经常会日夜混淆，这很正常。小婴儿不可能白天睡足一整天后晚上照样彻夜安眠。他们需要在出生前 6 个月大量摄食才能成长。我认为不到 6 周大的新生儿应该在白天每隔 3～4 小时吃一次奶，最多在午夜后睡 3～4 小时觉。

等婴儿体重至少达到 8～9 千克或月龄达到 6 个月时，才能每日进行完整的洗澡—喂奶—睡觉习惯训练。白天通常可以进行 2～3 次 45 分钟的短睡。但这些都算不上小憩或是周期睡眠，因为对于大多数这一月龄和体重的婴儿来说，这些都属于正常的睡眠。

我建议所有新手父母出院回家第一天起就将洗澡—喂奶—睡觉习惯训练法作为实现宝宝晚上至少睡3小时目标的第一步。新手家长遇到的一个最大陷阱就是晚上6点给新生儿洗澡。

如果婴儿患有胃液反流，需要接受诊断治疗后才能好好睡觉。婴儿出生2~3周便可确诊。任何患有胃液反流的成年人都能理解婴儿的苦楚以及为什么患有胃液反流的婴儿会被贴上"难养型"或"不易安抚型"婴儿的标签。

打嗝

打嗝的危害被人高估了！你可以在哺乳完或用奶瓶喂完奶后，轻轻拍打或抚摸婴儿背部。我建议你让婴儿靠在你的肩头，好让他用鼻子蹭到你的脖子，闻到你的气味。不要为了让婴儿排出肠气就用力拍打他的后背，打嗝实际上是种自发的动作。他还只是个小婴孩，所以拍嗝动作一定要轻柔。

给婴儿拍嗝时，不必花几小时来回踱步。如果婴儿没打嗝，肠气就会穿过他的肠子，然后放屁排出体外。相信我，小婴儿都很擅长放屁！不要认为婴儿哭是因为他有肠气或是没打嗝——通常情况下，他哭是因为还想喝奶。

我们都愿意听到婴儿打嗝，因为大家都认为打嗝说明婴儿吃饱了，但其实不必太在意打嗝这件事。这是人类正常的身体机能反应，就像我对许多新手父母说的那样：如果肠气没能通过打嗝排出，就必然会通过放屁排出体外。

给婴儿拍出嗝后，他往往还会连续打嗝。同样的，这也是一种正常的身体机能，你可以让宝宝睡觉或是抱着宝宝，又或者如果他饿了，也可以再给他喝点奶。打一个大嗝、连续打嗝、放屁、吐一丁点奶，这些都是健康足月儿的正常身体机能表现。除了婴儿打嗝外，还有更多需要我们关心的事。

婴儿的指甲

我们大家都很担心婴儿的指甲。正如之前提到莫罗反射时讨论的，给宝宝包裹布的另一个原因就是为了防止他挠脸部。你家宝宝的指甲确实很锋利，但是他不会刮伤自己。连指手套可能有点危险，因为婴儿会本能地把小手放进嘴里，如果将手套咬掉的话，手套就有可能进嘴造成窒息。

我建议你购买一个质地较软的指甲锉，然后将婴儿的指甲轻轻锉短。旧式的办法是用嘴将指甲咬掉或者用剪刀剪短，但这两种做法都有危险。如果你把婴儿手指放进你自己或其他人的嘴里，他的指甲很可能会发生感染，因为口腔里有很多细菌，可能会引起所谓的甲沟炎。曾有人打电话给我，说他们用剪子或指甲剪给婴儿剪指甲时弄伤了孩子的手指尖。其实，质地柔软的指甲锉就够用了。

第二周
哺育、玩耍和睡眠习惯培养

洗澡—喂奶—睡觉

继续在晚上 10 点给婴儿洗澡。此时，你的宝宝应该更爱洗澡了，当你抱着他漂浮在温水里时，他会睁开眼睛环顾四周。洗完澡后，他会觉得全身放松，即使你将他抱出浴盆时他会哭闹，但是一旦穿完衣服，包好裹布，吃饱喝足之后，他就会安静下来，然后乖乖睡觉。我发现，最好把浴巾放在烘干机里或加热器上烤几分钟再裹婴儿，这样做会使他觉得浴巾非常温暖舒适。也可以在宝宝喝完奶或是晚上 10 点时把他叫醒洗澡，因为我们的目的是让他在洗澡和用奶瓶喝完奶后睡个整觉。

新生婴儿吃奶用时很长，而且需要多次喂奶，所以要有耐心。随着他不断长大，喝奶时的表现会变得更好，并且平均每周可以增加 150 克体重。他可能仍然只睡 2~3 小时，所以家长一定要坚持不懈，要有耐心。他下次睡醒时就到你该喂奶的时候了。在这段特殊的哺乳时光里，记得常跟他说话，亲吻他，拥抱他，因为时间犹如白驹过隙，不等你反应过来，小婴儿就已经开始蹒跚学步了。

日间喂养

通常，此年龄段婴儿的非睡眠时间会变得更多。婴儿将不再只是吃吃睡睡，他可能会清醒些许时间，有时甚至是几小时。没有关于婴儿非睡眠时间应该有多久的规定——他不会令自己过度疲劳或接受过多刺激。继续给宝宝喂奶，在非睡眠非饥饿的状态下，把他放在干净的地上，让他好好玩耍。

哺乳用时总是很长，但要记住，你这是在给宝宝提供能量呢。如果你觉得自己一直喂不饱他，就可能要给他额外补充一些配方奶了。我知道，额外补充配方奶粉（"额外的卡路里"）会让他体重增加，哭闹的情况减少，并且令你的哺乳时间变得更久。这一结论，是我根据工作中接触的所有用配方奶补充喂养但不挤奶的新手妈妈们的经历总结出来的。相信我，这种方法确实行之有效。

玩耍

你的宝宝开始从休眠状态中清醒过来，并且很乐意用他的小手抓住你的手指。当他睡醒四处张望时，不要试图通过来回摇晃哄他睡觉。让他躺在地垫上环顾四周，跟他说说话，给他唱唱歌，读读书，说他长得很漂亮。因为他会被噪音吓到，所以给他唱歌时的声音千万别太大。经过辛苦的十月怀胎才最终能将宝宝揽入怀中，你可得好好看着他，轻柔地和他玩耍，贴近他的小脸跟他说说话。

第二周即将结束时……

·你的乳房开始变软，而且感觉舒服多了。

·会阴侧切或剖宫产手术的伤疤仍然很难受。必要时需要继续每隔4~6小时服用止痛药。

·恶露量会稳定下来，排出少量棕色的废血。

·你的宝宝开始有非睡眠时间了。

·宝宝可能会哭得更凶，特别是在晚上6~10点之间。

·让宝宝继续在地上玩耍并进行趴卧练习。

·如果你的另一半还休假在家，就好好享受一下全家人在一起的幸福时光。

·你的宝宝应该恢复到出生时的体重了。

第六章

出生第三周

大约在孩子出生第三周时，人们会开始问你宝宝是否已经不怎么哭闹了，因为他们所看到或听到的相关内容都是这么说的。记住，这是你的孩子，不能拿他和其他孩子相提并论。所有婴儿都不一样。发育需要时间，而且每个人的情况也各有不同。有时候，不管你做什么，都会觉得自己无法安抚好孩子，但这只是因为一些婴儿生来习性本就如此而已。

在第三周，你的恶露会开始减少。一切似乎都进展得很顺利，而你却仍然觉得压力很大。你得确保自己能在许多方面得到帮助。让家人帮你做饭、打扫卫生、洗衣服，这样你就可以休息片刻了。

在育儿方面，除了要保证让婴儿吃饱、干净、安全、温暖并为他提供关怀外，没有其他别的要求。有些育儿书居然离谱地教人严格按时给婴儿喂奶，还规定了婴儿的睡眠时长，说婴儿每次只允许有 1 小时的非睡眠时间。而实际上，有些婴儿可以 4~5 小时不睡觉。这些规则在很多时候都不现实，而且，你家宝宝如果没能达到书上说的要求，你的焦虑情绪很可能就会随之增加。你得根据孩子的具体情况按需喂养。

你之前固有的育儿想法将会受到挑战。关于如何为人父母，我们都有自己的想法。我们看着其他父母的做法，然后想着："我永远不会那样对待我的孩子"，"我永远不会给我的孩子用安抚奶嘴"，"我永远不会给我的孩子用奶瓶"，"我永远不会让孩子与我同睡在一张床上"。

话可别说得太绝对！

最终可能所有这些你先前看不惯的事都让你做遍了，因为育儿是项艰苦卓绝的工作，那些对你家孩子行之有效的办法你通常都会去试。婴儿不会因为你提供了太多的爱和安全感而受到伤害。用爱宠不坏孩子，因为再怎么爱他们都不为过。

我生儿子那会儿，也发现初为人母真的很辛苦，更何况我还是一名经验丰富的护士、助产士兼妇幼保健护士呢！我虽然知道应该如何照顾婴儿，但是依然有很多令我感到猝不及防的事情发生，比如：缺觉的痛苦，需要每天 24 小时无休止地照顾孩子，分娩后产生的各种情绪，身体上的痛楚，幸福感，困惑，乳房饱胀而漏奶，乳头酸痛，儿子得黄疸病，儿子哭闹不止，焦虑的情绪，接待探访者，应对家人以及处理各种亲朋好友赠送的礼物等。

但其间也总是充满了喜悦——噢，这个刚出生的漂亮儿子，真是给我带来了无比的喜悦！

观察、注视与领会

想想那些有孩子的非洲女性，她们分娩后开始照顾婴儿，母乳喂养，让孩子待在身边——仅此而已。虽然焦虑和育儿往往相伴而行，特别是在孩子年纪尚幼的时候，但这也是你一生中最弥足珍贵的阶段。所以，花些时间去教导并欣赏自己的孩子吧。孩子们都是通过我们的言传身教，以我们为榜样来学习的。我们应该亦师亦长。

婴儿确实会哭，如果哪个婴儿从来不哭才真的令人忧心呢。因为婴儿出生前在子宫里感到很安全，所以给他脱衣服会让他哭，换尿布会让他哭，全身赤裸会让他哭，抱他离开盛着热水的洗澡盆也会让他哭。

好好看看你的宝贝。他脸上的小表情常常会告诉你他到底怎么了。他在大便时或者打响嗝前可能会给你做鬼脸哦。

观察你家宝宝真的很重要。通过观察和注视，才能加以领会。你家宝宝会确切地告诉你他的感受。你是他的生身父母，是这世上最了解他、最爱他的人。如果他在吃饱的情况下环顾四周，就说明他觉得很舒服。如果婴儿一直蠕动身体并且发出声响，说明他的小肠里可能有肠气，这不是什么大毛病，也没有生命危险，但是可能会引起一些不适的感觉。我们每个人都有肠气，我们会放屁，这很正常，但这却似乎让新手家长们感到很担心。

我接到过很多关于婴儿肠气的咨询电话，真的，这本该是你最不用关心的问题，但它确实引起了很多婴儿父母及家人朋友的关注。婴儿有肠气并非生病，而且你也会经常发现小婴儿会在吮吸乳房或用奶瓶喝奶时放屁或排便。这种口腔/肛门反射会排出身体不再需要的东西（粪便），并为摄取更多生长所需的食物（牛奶）腾出空间。

你的宝宝知道自己该怎么做，你家宝宝的身体自然也知道要怎么做出反应。大自然已经让人类这样生活很久了！如果婴儿生病了，会在身体上出现征兆：他会发烧或看起来不舒服，食欲不佳，身体软绵无力，很少排尿，他的大便也会与以往有所不同。

厌奶现象

很多人都没听说过或不知道婴儿有厌奶一说，它指的是婴儿拒绝母乳、奶瓶和（或）食物，并且通常处于喝奶姿势时就会尖叫啼哭，这是一种对不愉快经历或持续性压力（通常是因为喂奶）做出的行为反应。

这种婴儿通常是到了发育的关键期，但是体重增长缓慢，而且往往只在睡梦中或真正饥饿时才会吃奶。他只会增加一点体重，但是一直可以充分排尿，并且偶尔还会排便。

我见过很多健康的婴儿，本来能高兴地笑很久，但是一旦你用喂奶姿势抱他们时，他们就不光是哭这么简单了，还会变得歇斯底里。然后，等你把他们放回你肩膀那里时，他们却又都笑了。这种现象可能会持续数天，甚至数月，并导致终生的进食问题。

父母要常带婴儿去看妇幼保健护士或儿科医生，并将孩子不停啼哭、不经常吃奶以及增重过少的情况详细告知。如果经过专业医务人员诊断，发现孩子的异常是由于厌奶而非其他病症，家长尤其是母亲承受的压力才能有些许纾解。通常情况下，医务人员还能诊断出许多病症来，比如婴儿胃液反流和母亲的产后抑郁症等。

厌奶婴儿的征兆

· 婴儿拒绝喝奶。

· 婴儿处于喂奶姿势就会哭闹。

· 婴儿会闭上嘴，左右摇头，一直拒绝母乳 / 奶瓶 / 食物。

· 婴儿喝的流质食物足够维持体液平衡。

· 婴儿的体重位于生长百分比对照表中 1/3 或 1/5 位置，体重增长缓慢，也可能体重没有增加或处于一种静止状态。

· 婴儿正处于发育关键期。

· 婴儿可能会被诊断为胃液反流并接受相关治疗。

厌奶的原因

通常情况下，婴儿出生早期就会开始厌奶，因为他在吃奶时经历过痛苦或创伤。将这种婴儿置于喂奶姿势就会令他显得异常痛苦，很可能是由于新手妈妈情绪焦虑以及她在哺乳和瓶饲时无人帮忙所造成的后果。有些婴儿也可能更偏爱某一侧乳房，拒绝吸吮另一侧乳房。其他一些婴儿则可能只吸吮 3~5 分钟就开始拒绝直接哺乳了。

有时候，如果婴儿没能（在出生前几周）及早使用奶瓶，并且在母亲返回职场或外出时必须强迫他用奶瓶喝奶的话，他就可能会坚决拒用奶瓶。

不管是由于父母的内疚、羞愧和焦虑，还是专业人士、祖父母（外祖父母）或朋友说"我用奶瓶喂的话，宝宝肯定会喝"，强迫婴儿喝奶只会令他厌奶的情况变得更糟糕。

去咨询专业保健人员并给家长冠以"焦虑"的帽子只会使情况恶化。网络搜索和闺蜜们也会给你带来太多无用的错误建议。

解决办法

不要惊慌。求生欲是婴儿与生俱来的本能，他不会让自己忍饥挨饿的。可以多在他处于睡眠状态时喂奶，几次长时间的喂奶就足以维持他的体液平衡了。记住，婴儿身上不可能同时出现生病和健康两种状态。

如果将婴儿抱离乳房或拿开奶瓶他就不哭了，说明他本身没有任何疼痛不适。如果他真是哪里觉得疼了，肯定会继续啼哭。如果你的宝宝笑了而且还能对你做出回应，说明他并无大碍。经常带他找医生做检查可以排除任何疾病方面的问题。

如果你的宝宝因为见到乳房或奶瓶而变得烦躁不安并扭动身体（这在婴儿出生前两周很常见），就把他抱离乳房，让他靠在你的肩头平静下来，接着重新完成那些最基本的育儿动作：包好裹布，喂奶，解开裹布换尿布，重新包好裹布，喂奶，抱抱他，安抚他。不要企图强迫宝宝喝奶。

喂奶时继续本着少量多次的原则。婴儿一开始哭就立即停止喂奶。即便他的体重只有少量增加，也要泰然处之，不要将你家宝宝与其他婴儿进行比较。根据奶水的摄入量（母乳或配方奶），确保婴儿每天至少要排尿 3~5 次。排便情况则因人而异。在家里安全又放松的环境下喂奶。咖啡馆或新手妈妈群体活动不适合厌奶的婴儿。

安抚奶嘴可能会起到一定的帮助作用，但要记住，安抚奶嘴不能为婴儿提供生长所需的能量，所以不要用安抚奶嘴代替奶水。可以让妇幼保健护士等医务专业人员看看婴儿的反应、啼哭、尖叫，还有你哺乳时的情况。

如果你感到焦虑、沮丧、愤怒，就找人谈谈——这些都是婴儿哭闹并拒绝喝奶时家长产生的正常情绪。请你信任的人过来帮忙陪伴照顾宝宝，好让你可以出门放松一下、做个头发、喝杯咖啡或是散散步。初期焦虑感终会过去，只不过你目前正处在适应家长这个新角色的过程中，才会觉得这种状态一直没完没了。随着小婴儿一天天长大，厌奶的情况一定能慢慢好转。

小婴儿埃玛的故事

埃玛是一位儿科医生转诊到我这里来的病人。她当时只有4周大，每周体重只能增长30~50克，体重位于婴儿生长百分比对照表中1/5位置。因为她一直哭闹，所以被妈妈带到儿科医生那里检查是否患有胃液反流。儿科医生却发现埃玛的身体很好，没有生病征兆。她接受的是母乳喂养，起初还能用奶瓶喝奶，但是有位妇幼保健护士建议她妈妈不要再用奶瓶，说这会妨碍她哺乳。但事后看来，埃玛的妈妈非常后悔她当初放弃使用奶瓶的决定。

我初次见到埃玛时，发现她是一个漂亮、快乐、活泼的宝宝。她和我互动得很好，会朝我微笑，还能发出咿咿呀呀的声音，但是当我刚一放低抱着她的胳膊给她递过来奶瓶时，这个快乐的小宝贝瞬间就开始尖叫啼哭，一直哭了10分钟才被我们重新哄好，看着真让人伤心。这样一个快乐又健康的小婴儿，先前还很平静，短短几秒后就痛哭流涕。

给埃玛换了几次抱姿后，她吃了些母乳，但却完全拒用奶瓶。我们必须每次喂奶时都用裹布把她包牢，这也确实对她有帮助。我们不再给她用奶瓶喂奶，转而采用纯母乳喂养，虽然哺乳时间只有短短5分钟，但她还是含住乳头开始吮奶了。尽管她的体重长得很慢，但是确实是在增长。

埃玛后来一直接受直接哺乳，然后开始慢慢添加辅食。埃玛的妈妈很辛苦，她得一直抱着安抚这个小家伙，这非常累人。她真的很了不起，能始终如一地给埃玛按需哺乳。埃玛虽然早年出现过厌奶的现象，但是现在吃饭吃得很好，没有厌食问题。当然了，当初如果她没厌奶的话，进食习惯可能比现在更好。

胃液反流

你听说过或体会过胃灼热是什么感觉吗？你听说过婴儿因为胃灼热难受而一直哭哭啼啼吗？这些婴儿很不舒服，很痛苦，很不开心。婴儿的情况可能会让家长感到非常痛苦，尤其是初为人母的妈妈们，会认为孩子哭闹哄不好全是她们的错，或是觉得自己的奶水太少，又或者宝宝存在尚未发现的过敏症等。这些妈妈都很缺乏自信，认为自己没掌握好哄孩子的"基本"要领。新手妈妈更愿意找哺乳顾问帮忙，认为一定是自己在哺乳方面出了问题，比如乳头含接不畅或是奶水不足等。最普遍的原因其实是可怕的胃液反流！

常见情况是在数代同堂之家里，家人（或朋友）会出于好心，不断地"劝告"新手妈妈说她的宝宝有"绞痛"或"不好的肠气"。然后，便会有家人从药店花费巨资买回一些非处方药来，据称可以专门"对症治疗"那些因为绞痛或肠气而哭闹不休的宝宝。事实上，如非得到全科医生或儿科医生的正确治疗，胃液反流的病情会变得更糟。

曾有胃灼热经历的人都知道这种难受痛苦的感觉经常久久挥之不去。对于新生儿而言，感觉可能会更糟。小婴儿不能告诉你他因为什么不舒服，所以只能一直哭个不停，这时，妈妈们就会有种无力、愧疚而挫败的感觉。

关于婴儿为什么会哭，绝大多数人都有自己的一套说法。然而，现实情况是，胃部上方的括约肌会在牛奶吞咽到胃里后张开，胃里还有帮助消化食物所需的酸性胃液。有些新生儿的括约肌松弛或尚未发育成熟，如果有奶水反上来，胃酸也会一同跟着反上来，进而引起灼烧感和胃灼热症状。

患有胃液反流的婴儿吃奶时会在妈妈胸前焦躁挣扎，拱起后背左右摇头。妈妈们经常以为孩子是不愿意吸吮母乳。他会大声啼哭，等哭累睡着后躺到小床上不到 5 分钟就又开始哭了，而且一直都哄不好，直到再喝奶时才能哄好。在此之后，之前的一番折腾又会重演。

家里有个患胃液反流的婴儿对每个人来说都是非常痛苦的经历。曾经平静酣睡的宝宝会变得不再好好吃奶，不再好好睡觉，白天大部分时间都哭哭啼啼，还整夜非常吵闹。患有胃液反流的婴儿喜欢让你竖直抱着，所以你会发现自己整天都在来回踱步，一天 20 小时……连洗澡的时间都没有了！

妇幼保健护士、全科医生或儿科医生能在婴儿出生 2~3 周诊断出这些症状来，所以我经常接到很多妈妈打来电话说："我无法制止宝宝大哭"，"我哄不好我家宝宝"，"他不能躺在地板上或婴儿床里"，"我的母乳有问题"，"他有很多肠气"。新手妈妈们参加妈妈群活动时，胃液反流患儿的妈妈只能竖直抱着自己的宝宝来回溜达，看到其他婴儿能在地板上欢乐玩耍，其他妈妈亦能轻松哺乳，这些都会让患儿妈妈感到十分不安，甚至觉得自己这个妈妈做得很失败。如果这种情况发生在你家孩子身上，你需要去找专业医务人员检查一下，胃液反流是可以治疗的。去看看全科医生或专科医生，和他们谈谈你家宝宝的征兆和症状，商量商量可行的治疗方法。

胃液反流的常见症状

· 婴儿一仰卧就会哭闹。

· 婴儿会哭醒。

· 婴儿会突然尖叫并在乳房或奶瓶前表现得躁动不安。

· 婴儿整夜都非常吵闹，会发出吞咽声并且来回蠕动身体。

· 婴儿常常从沉睡中惊醒并且发出尖叫。

· 打嗝后，婴儿的表情看起来好像吃了不喜欢的食物——那是因为胃酸反流到喉咙里造成的，当然，胃酸的味道是又酸又苦的。

有些婴儿会反胃呕吐，有些婴儿不呕吐，其他婴儿则会咳嗽，一直吞咽口水，或者只是啼哭。虽然呕吐量不会很多，而且不会是婴儿刚刚喝下的全部奶量，但这也足以让你非常担心了。患有胃液反流的婴儿似乎一般都不太高兴。但是，他们的健康并无大碍。他们的体重也不一定总是减轻，事实上，一些婴儿实际还会增加很多体重，因为吃奶对他们来说算是一种缓解不适的办法。

初为人父人母时遇到的很多事情都会让你毫无准备，措手不及，外加医生诊断出孩子患有胃液反流就更难办了。孩子出生前几个月，你就可能彻底和高质量睡眠及理智思维说拜拜了。

像所有新手妈妈一样，我出院时感到喜忧参半。"相信你的直觉就好"，我脑子里一直是这样想的，而且我认为，现在既然已经当上妈妈了，就肯定能"感知到"孩子的具体需要。这是我作为一名新手妈妈做出的第一个假设，当然后面还有很多。

在接下来几周时间里，事态开始失控。我从医院抱回家时那个酣睡的快乐宝宝令我变得愈发躁动不安。我越喂他吃奶，他就越想吃。我越抱着他，他就越想让我一直抱着。"我猜这就是按需哺乳吧。"我这样宽慰自己。不久后，每当我要把他放下来睡觉时，他就会哇哇大哭，想要接着吃奶。我用妈妈之间相互交流的新生儿故事安慰自己：小婴儿总是哭哭啼啼的，一直想让家长抱着，而且从不主动睡觉。

等凯瑟琳联系我时，我已经疲惫至极了。孩子出生带来的喜悦已经消失殆尽，我作为母亲的自信也已经不复存在。安格斯一直哭个不停，好像我根本喂不饱他或是安抚不好他似的。我把网上能搜到的信息都查了个遍，自己却越发疲惫不堪、焦虑不安和情绪低落。

比孩子生病更糟糕的是，作为母亲，我确信我自己出问题了。大家都给我提建议，但是这些建议却让我感到很困惑，而且它们还都相互矛盾。凯瑟琳提到胃液反流的时候，真是吓了我大一跳。我之所以忽略了这一点，是因为大家都说那些患有胃液反流的婴儿会一直呕吐，体重过轻，并且拒绝吃奶。

但是可以确定的是，经过为期3周的治疗，安格斯好了很多，而我也开始明白我的小宝贝当初到底有多难受了。随着时间的推移，我又恢复了信心。生二胎后，我很快就发现小女儿有胃液反流的情况并且得到了医生的帮助。

埃米莉

治疗方法

首先，当务之急是要让专业医务人员对胃液反流情况确诊。医生会给你开具一些处方药，这些药一般能在2~7天内起效。通常最初会用抗酸剂配合药物一起使用。有些婴儿需要更多帮助才能缓解胃液反流造成的不适。将配方奶冲稠一些有助于减少呕吐，从而减轻胃灼热症状。此外，我发现患有胃液反流的婴儿需要用安抚奶嘴提供安慰。但是只有婴儿吃饱后才能给他使用安抚奶嘴。患有胃液反流的婴儿只是感觉不舒服而已，但这不算是生病。

未经医生身检，不要给婴儿胡乱服药。新手妈妈常常认为这是她们的错，但事实并非如此，只需给婴儿提供一点帮助来缓解腹部不适就行了。他会好起来的，胃液反流也早晚都会消失。但对新手父母来说，这是非常非常困难的：你已经被搞得精疲力竭了，你家宝宝却又很不安宁，而且哭声似乎永远无法打住似的。

为何有些婴儿能乖乖睡觉，而有些却不行

如果婴儿不能乖乖睡觉，不是任何父母的错。通常，那些能好好睡觉并且从出生第一天就很安静的婴儿其实生来便是如此。如果你家宝宝不爱睡觉，尤其是赶上你自己还特别缺觉的时候，就很难不对宝宝带着情绪和怨气了。

抱着婴儿喂奶时，如果他爱哭闹，经常扭动身体并且抗拒哺乳，通常是因为他患有胃液反流，但这不是任何人的错。胃液反流现象能从宝宝刚一出生一直持续到 6 个月大，有些孩子甚至还会持续更久。

还有一些婴儿，说不出是因为什么，就是很难哄也很难入睡。这对家长来说是十分艰难的，因为长时间缺觉会令家长感到非常痛苦。从出院回家第一天就开始进行洗澡—喂奶—睡觉习惯训练能为你带来一定的帮助。

　　宝宝出生前几个月，我发现最痛苦的事莫过于缺觉了，而且你对此完全束手无措！如果你累透了，理智啊逻辑啊什么的，通通都会被你抛诸脑后，而且原本每天都能应付的事也会变得难以应付了。

　　我们做得最棒的事就是按照凯瑟琳的办法每晚10点给宝宝进行洗澡喂奶的习惯训练。得知我丈夫能接替我照顾孩子后，我便可以在晚上8点就冲到床上去睡觉了，这样一来，我可以美美地睡上4~5小时。

　　最开始，我得花一阵工夫才能睡着。我得关上门，戴好耳机听些轻音乐。这些睡眠时间真的帮了我大忙，我的情绪变得很稳定，产奶量也有提升，而且我丈夫也有时间和儿子好好相处一下。后来一切都上了轨道，在我不想哺乳的时候，他就会给孩子用奶瓶喂奶，完全不成问题！

　　生孩子前，我如果晚上不能睡足8小时就无法应付任何事情，但是事情变化得太快了，真是令人惊讶，有了孩子后，你也许会为了拥有4小时不受打扰的清净时光而牺牲一切。

凯　莉

一些习惯建议

整日整夜与刚出生的宝宝待在一起，时间会变得很漫长很孤独，特别是你的另一半销假回去上班的时候，这种感觉尤其如此。一些基本的做法会给你带来切实的帮助：

· 每天早晨起床后第一件事就是去洗个澡，然后穿戴整齐。

· 每天早晨要吃早饭，保持体液充足。

· 婴儿出生前几天和前几周，要限制探视者数量，要学会拒绝别人，并且不要为此有心理负担。

· 等你和你家宝宝都能有时间睡会儿觉后，就每天出门去散散步。

· 和朋友约好去喝杯咖啡或吃顿午餐。

常与婴儿交流

从婴儿生命之初就开始跟他进行终其一生的对话非常重要，这一点再怎么强调都不为过。别怕抱着小婴儿并告诉他你正在做什么。这种谈话应该持续一生，日复一日，年复一年，最终成为你孩子脑海中回荡的"声音"。你应该从孩子出生第一天就开始注意你与他讲话的方式，这很重要。你想让孩子在此后一生中以何种人生态度生活下去呢？消极的？颐指气使的？批评苛责的？怒气冲冲的？还是你想用无条件的爱与支持为他培养出一种可贵的价值观？

这一点非常值得注意。我们应该亦师亦长，因为婴儿不知道自己该做什么。我们要教会孩子该做什么，怎么做，什么是礼貌，如何变得幽默风趣，还要教会他们什么是生活中的各种界限。比如，有父母会对我说："我家宝宝不喜欢用裹布。"其实小婴儿并不关心自己是否喜欢被人包起来，他只知道自己当前最需要的是安全感，所以我们要据此教导他如何获得安全感以及如何与自己的父母亲近。

第三周

哺育、玩耍和睡眠习惯培养

洗澡—喂奶—睡觉

继续进行洗澡习惯训练。婴儿出生时的体重以及每周的增重情况都会影响洗完澡喝完奶后的睡眠时长。希望你的宝宝可以在洗完澡后睡上 3~4 小时。继续坚持在晚上 10 点给婴儿洗澡。我知道现在全家人肯定都已经非常疲惫了，但是短期的辛苦会让你们获得长期的回报——全家人的好睡眠。如果宝宝妈妈不用熬到另一半给孩子洗澡就能在晚上 9：45 上床休息的话，有时候就能睡上 4~5 小时。而且随着宝宝不断变重，月龄不断变大，睡眠时间就会继续只增不减。

作为新手妈妈，这段日子是你要经历的最艰难、最漫长的时光。你完全没有问题，肯定能撑过来，等你日后回想起这段日子时，你会觉得记忆已经有些模糊了，但肯定会为你当初能熬过这段日子而惊叹不已。

日间喂养

你家宝宝在出生第三周会真正清醒过来，你可能会发现哺乳时间更短了，但效率却更高。并不是说他喝得不够多，只能说明你的哺乳效率提高了，而且宝宝的非睡眠时间变得更多了，所以你的哺乳次数可能会很频繁，但这正是他在生命中这个阶段所需要的。

别老想着你做错了什么然后想方设法去解决，你只需要满足他的各种需求，给他喂奶，给他包好裹布，然后多亲亲他、抱抱他就好了。小婴儿是不会被爱宠坏的。

玩耍

3周大的婴儿在白天两次喂奶间歇可以愉快地在地上玩耍10~15分钟。这种重复性的喂养—玩耍—睡眠模式将帮助你的宝宝消耗能量，使他能在玩耍间歇好好喝奶。

胃液反流问题将在本周变得非常明显。当你把胃液反流的婴儿放在地上玩耍或放回床上时，他就会变得很不开心。只要你把他重新抱起来，他就会停止哭泣。

一些新手家长却认为，如果一从小床上把婴儿抱起来他就不再继续哭，说明这个宝宝"被宠坏了"。这些婴儿因为胃酸反流本来就已经觉得很不舒服了，再让他们躺在床上或在垫子上玩会加重他们的不适感。请参阅本书关于胃液反流的章节，如果你认为你的宝宝可能有胃液反流现象，请带他去看看医生。

第三周即将结束时……

·婴儿躁动的时间可能更多了。如果他因为不舒服而蠕动身体并且喜欢让人竖直抱着吃奶的话，就要请医生检查一下是否有胃液反流的情况。

·你的乳房开始不再那么难受了。

·由会阴侧切或剖宫产疤痕引起的任何疼痛都会有所减轻。

·你的另一半可能现在已经销假回去上班了。

·你会注意到你家宝宝已经开始适应某种日常习惯。

·尽量不要将自己的宝宝与妈妈群里其他人的宝宝进行比较。

·婴儿的体重每周持续增加150克以上。

第七章

出生第四周

如果这是你的头胎宝宝，肯定会有很多人想分享他们的育儿方法，教你应该怎样做，并且告诉你说只有他们的方法才是最正确的。虽然那些经验或许对他们确实行之有效，但那些只适用于他们的家庭和他们的孩子，用在你家身上就不见得有用了。

出于某种原因，澳大利亚的文化背景决定了传授给新手妈妈的育儿经验是要让她在哺乳后直接将孩子放到婴儿床上。但是婴儿其实很喜欢被你紧紧抱着，如果你白天不愿意把他放在婴儿床上，就大可不必这样做。你可以搂着你的宝宝，想抱多久就抱多久。这不会宠坏你的宝宝，反而有助于增进母子间的亲密关系并让孩子获得安全感。你是他的生身父母，即使多抱抱孩子也不会把他惯出日后令你手足无措的"坏毛病"。

同理，每个婴儿的养育方式都不一样，如果你家宝宝的举止表现与育儿书上写的或朋友说的存在差异，你也不必变得越来越焦虑。在动物世界里，动物妈妈们总会把自己的幼崽带在身边，但是人类却更愿意把自己的孩子孤零零地放进婴儿床里，实际上，这些小婴儿的需求很简单，只不过是想让人抱抱或是喂他吃些奶而已。你的孩子对你的气息和你的声音都很熟悉。

如何才能知道自家宝宝是否发育正常呢？作为一名妇幼保健护士，我常会给一些焦虑的妈妈提供咨询，帮助她们确认自己孩子的行为是否正常。但是，只要婴儿一出生，你就有不可推卸的养育责任。如果父母在孩子幼年时总是表现出某种特定行为，不论这种行为是好是坏，孩子都会有样学样。

婴儿在 4 周大时开始四处张望，甚至尝试着露出一丝笑容！在这个年龄段，让婴儿在地上趴卧和仰卧玩要很重要，因为他要花更多时间保持清醒警觉并且专注地看着你。

本周，你会发现新生阶段已经过去了！

家有俩宝

由于种种原因，多胎生育现象越来越普遍，比如试管婴儿，还有 35 岁以后妊娠也会增加双胞胎概率。双胞胎妊娠会增加妊娠并发症的可能性，如糖尿病、先兆子痫和早产。先兆子痫是妊娠期特有的一种病症，诊断依据是：妊娠期或产后持续高血压、尿蛋白水平高，能影响肝肾功能的血小板出现变化。

怀双胞胎很辛苦，我非常钦佩那些多胎胎宝宝的家长。准妈妈要经过漫长而难受的妊娠期，而且 2016 年时，绝大多数多胞胎还都是通过剖宫产分娩的。理想的做法是尽可能延长妊娠期，从而防止出现任何与早产有关的问题。我们这些医务人员会在整个妊娠期内对孕妇和胎儿进行护理，并且时刻心系着母婴双方的平安和健康。正如我曾护理过的其中一位怀双胞胎的妈妈埃米莉所说的：

"我怀孕时一直担心很多问题，但是很少想到应该如何切实照顾两个新生儿的问题。我有时会认为自己肯定能自然而然地掌握一切，转而又会想，育儿肯定不会太难。世界上每天都有双胞胎出生，那些宝宝的家长们不是看起来都挺得心应手的！我说的对吧？"

我们始终都要留意权衡母亲和胎儿的健康状况。例如，如果母亲患有先兆子痫并怀有多胞胎，此时胎儿们很健康但却尚未足月，医生就必须决定是否需要提前分娩。"治愈"先兆子痫的唯一方法就是将胎儿（单胎或多胞胎）以及胎盘娩出，让母体恢复到非怀孕状态。这就是为什么你会在特殊护理病房看到妊娠期第 24~25 周通过剖宫产出生的婴儿。对埃米莉而言：

从大手术中恢复过来可不是闹着玩的！产后最初几周，我连四处走动都很困难。抱双胞胎宝宝时很疼，走路时很疼，似乎干什么都很疼。我丈夫非常辛苦地给双胞胎宝宝喂奶、换尿布并照顾着他们，但这些实际上应该是父母双亲一起来干的活儿。我们想要休息一下简直比登天还难，但是慢慢地，一切都开始变得容易了许多。我的伤口愈合得很好，恶露也变少了，而且四处走动时也不难受了。

正如我所说的，照顾双胞胎很辛苦，需要付出双倍的努力。你干起事来必须有条不紊，不仅需要另一半帮忙参与到照顾孩子的工作中，也需要家人和朋友提供帮助，在某些情况下，甚至还要雇人帮忙（比如雇佣保姆）。要照看一个婴儿就已经够吃力了，要照看双胞胎的话各种所需物品都要翻倍准备，不仅要有双份的婴儿车、婴儿提篮、婴儿床和摇篮，双份的尿布、裹布、奶瓶、配方奶粉、衣服，还要因为宝宝拉尿换掉双份的尿布。这是一项超饱和工作，所以你得请亲朋好友轮流过来帮你给宝宝们换换尿布，抱抱他们，好让你自己变得更有条理一些。

母乳喂养双胞胎绝对是件非常有成就感的事，但我强烈建议你给宝宝们喝些配方奶粉，这样就可以在任何时间让你的另一半、你的母亲或亲戚朋友帮忙喂养其中一个宝宝了。在双胞胎睡觉时家长也能一起睡觉简直就是奢望，因为在婴儿出生早期阶段，两个孩子的睡眠时间可能并不同步。

埃米莉和丈夫安德鲁热心分享了他俩养育双胞胎的经验：

我曾对母乳喂养盲目自信。为什么之前没人警告我说哺乳这件事可能真的很难呢？我从没真正想过要给我的孩子们喝配方奶，因为我之前一直认为婴儿们一离开子宫就能本能地找到乳头含住，然后一边高兴地大口吞咽乳汁一边亲切地凝视我。

但我简直是大错特错。双胞胎宝宝在医院时根本不会含接乳头，而且直到接他俩出院回家我才开奶。即便产后那么多天了，我也没能像别人之前说的那样，能有奶阵浸透我的上衣。我从未真正有过那种"饱胀"的感觉，我还恐慌地认为自己奶水不足。

重要的是，不要催促生了双胞胎的妈妈哺乳。我总会向她们保证说她们一定能实现母乳喂养，宝宝们日后也都能安稳睡觉，他们以后的生活一定能慢慢安顿下来，但这些都需要时间，在某些情况下，需要哺乳期妈妈接受数周的支持和指导才能实现。最重要的是让婴儿吃饱增重。如果有妈妈得先自己挤几周母乳，之后才能直接给宝宝哺乳的话，也请顺其自然，泰然处之。

长期母乳喂养才是最终目标。并非所有婴儿在出生早期都会含接乳头，接受冷静而权威的护理与哺乳规划才能让不知所措的新手家长把心放宽。

我们去找凯瑟琳时，她教会了我应该如何轻轻地让婴儿含住乳头，似乎还真的成功了。她对这件事非常上心，而且还很会安慰人（是的，宝宝们会接受哺乳的，但是你要有耐心，同时，不要对配方奶谈虎色变）。

每次调制配方奶时，我总会心烦意乱，觉得非常内疚，这种感觉真的很糟糕（我每天会有无数次这样的感觉）。渐渐地，我开始有些释怀，但这需要极大的毅力和耐心。

我再怎么强调也不为过：双胞胎的家长需要很多很多的帮助。如果你的另一半可以歇 4～5 周陪产假就再好不过。记住，女性产后不仅要照顾双胞胎宝宝，她自己也需要从剖宫产、糖尿病和先兆子痫中恢复过来。

在许多情况下，双胞胎可能会早产，母亲往往会比婴儿提前出院，早产的婴儿则需住在特殊护理育婴室让体重慢慢增加，同时还要学会两项最基本的新生儿生存技能——呼吸和吮吸。一旦产妇回家后，经常去医院探望新生儿宝宝就成了家长需要额外承担的任务，而且这对尚处于剖宫产手术恢复期的新手妈妈来说尤其困难。

我家这对双胞胎对牛奶蛋白不耐受，所以需要喝特殊配方奶粉，而且我也得从饮食中除去乳制品和大豆类食品。他们那时只有 1 周大。

凯瑟琳帮我安排去看了一位新的儿科医生并给孩子们做了大便样本检查，她让我们保持冷静，还为我们制订了一套育儿计划，并且每天都给我们打电话询问情况。我们有很多愚蠢的问题急需她的解答。如果大家对每样事都众说纷纭，而你在网上查找资料后又发现自己把育儿这件事完全搞错了，这时候，你就知道拥有"唯一真理来源"的好处了。我们毫无保留地信任着凯瑟琳，还列出了许多要在电话里问她的问题。

我还把"凯瑟琳的裹布法"教给了埃米莉和安德鲁夫妇，好让他俩在喂奶前将这对双胞胎用裹布包好。我们还开始进行了洗澡—喂养—睡眠习惯训练。对埃米莉而言，安德鲁给孩子们洗澡时让她去睡觉简直就是奢望……那就像是一条生产线一样，父母同时上阵给宝宝们洗澡、擦干身子、穿衣服、包裹布还有喂奶。

尽管我不能指望我丈夫独自应付晚上 10 点的洗澡哄睡工作，但这种方法对我们来说也还是很有效的。宝宝们很爱洗澡，但是洗完澡换上的干净连体服总会被他们吐的奶弄脏。渐渐地，我们注意到宝宝们睡整觉的时间变长了，大约 6 周大的时候，他俩就基本能保证睡大概 5 小时了。

照顾双胞胎是一项需要家庭成员共同努力的工作，而且这还取决于你家宝宝是否是龙凤胎、两个男孩或是两个女孩，是否其中一个患有胃液反流，是否一个体重较轻而另一个较重，是否一个宝宝比较活跃而另一个比较慵懒等等。噢，天哪，这可是一份全时工作，你得日复一日地干同样的活儿，但是黑暗过后最终肯定会迎来光明！

双胞胎的父母常常会变得眼神模糊、泪眼汪汪、手足无措。宝宝出生前 6 周的育儿之路似乎看不到尽头，很容易让人变得情绪化，但所有这些付出都是值得的，需要家长勇于面对各种困难挑战。有时候，你会真的希望自己的宝宝别再大哭大闹，希望他能好好睡觉，这样你就可以清净片刻了，当然，这种想法会令你觉得心有愧疚。但我们所有人都有想说"安静点""去睡觉""你不可能饿""你怎么回事？"和"我受不了了"的时候。

埃米莉提到：

凯瑟琳告诉我们，小婴儿饿了就喂奶给他们喝。如果他们发出很大声响，就喂奶给他们喝。他们太小了，在这个年龄段，只需要大人喂奶给他们喝。不要因为他们已经喝了一些奶就停止喂食，要等两个宝宝都彻底饱了不想再喝奶时再停止喂食。如果宝宝们哭了，喂奶给他们喝。如果其中一个宝宝睡醒了，则叫醒另一个两个一起喂奶喝。不要拖延喂奶时间或是刻板地按照钟点喂奶，只要放心大胆喂奶给他们喝就行了。

这听起来非常简单，但确实很有效。婴儿出生前几周，99% 的哭闹都能通过吃奶得到解决。没有什么比饥饿婴儿的哭声更糟糕的了。直到今天，我还是搞不懂新手家长怎么能拖延喂奶时间或是让他们的小宝宝在吃奶时适应"某种习惯"的。听着宝宝撕心裂肺的哭声，这些家长怎么能坐得住？

沉浸在吃奶过程中是唯一能使婴儿平静下来的办法，可以给他带来一种安慰。每当婴儿啜泣时，我就会给他提供奶瓶或母乳。他们会睡得很好（尽管对我们来说这段睡眠时间未免有些太短暂了！），而且吃奶时会显得很开心。他们定会茁壮成长，或许，我们觉得自己做对了……

要知道，婴儿长大一些就能睡得更久了，这会给我们带来希望，同时，看着他们成长进步也会给我们带来积极的鼓舞。宝宝们很健康！我们在育儿方面取得了成功！有一天，凯瑟琳给伊丽莎白称完体重后跟我们击掌庆祝时，我真觉得非常欢欣鼓舞。

凌晨两三点照顾婴儿的滋味可不好受，虽然我们走路时脚底拌蒜，凌晨两点给孩子喂奶时会从床上掉下来，困意浓浓直流口水，但是我们内心深处身为父母的责任感却让我们拥有了继续前进的动力。而后，看到孩子对你微笑，能把你的心都融化了，缺觉的烦躁会立刻变得荡然无存。

埃米莉提到：

夜晚是最糟糕的。被宝宝的哭声吵醒就感觉是在上刑一样。我们一直都清楚自己将要度过很多个不眠之夜，但却从来没有真正体会过"累"是一种什么感觉。这次真是累透了。累到你担心自己踉跄着走出卧室时会把怀里抱着的宝宝掉到地上。累到你会莫名地大哭，夫妻彼此之间似乎都不能用完整的句子进行交流。累到你害怕这会是一种新的常态，害怕往后的日子一直就是这样而看不到尽头。

照顾两个尖叫啼哭的新生儿对夫妻关系来说可真是一种考验。我一向知道我丈夫为了这个家经常无私奉献，但是更令我感动到落泪的是每当半夜孩子哭闹时，他总会说："别担心，我起床照顾孩子，你继续睡觉吧。"我真的很感谢他能让我睡4~5

小时整觉。

等两个宝宝都睡下后，我们终于迎来了宝贵的安静时光，却又茫然不知该干什么好了。我俩应该利用这难能可贵的半小时吃点东西还是睡个午觉好呢？我要不要现在抓紧 5 分钟时间洗个澡？要不可能就没时间洗了。我们每天都是按照两三个小时作为一个时间单位来安排各项生活的，这一切都取决于孩子们下一次的进食时间。吃饭、睡觉和洗澡很快就成了我俩优先考虑要做的事。我以前吃东西可从没这样狼吞虎咽过。

睡眠不足把我搞得一团糟。大家都说这是荷尔蒙闹的，但我很确定的是，如果能好好睡几次觉就什么都解决了。与婴儿有关的所有事情都令我担心不已，当他们盯着我看的时候，我敢肯定，他们知道我对自己正在做的事情并不擅长，他们也知道我只是假装懂行而已。

正如在工作中与众多妈妈打交道的精神科医生黛安娜·科雷瓦所说的：

"女性比男性更擅长应付睡眠不足的情况。她们的身体在妊娠期就发生了变化，起床的原始冲动和抚育后代的天性取代了赖床的私愿。我们作为父母的责任始于婴儿出生前 6 周，我们对孩子的爱也正在逐渐加深，从某种程度上讲，这还是我们实现自我成长的开始。

现如今，来自环境的威胁越来越少，事实上，威胁通常是由消极想法和情绪触发的。女性在妊娠期和产后身体上及激素系统的广泛变化增加了焦虑症和抑郁症的风险，另外，令大多数家长困扰的缺觉问题也会诱发心理变化，令人容易产生压抑、焦虑和抑郁的情绪。"

不论是养育双胞胎、单亲抚养子女，还是有丈夫和两个保姆帮忙一起养育一个宝宝，育儿都是一项艰巨的工作，我们根本无法摆脱极度的疲劳。埃米莉在她家双胞胎出生早期曾说过：

"我们夜以继日所做的一切似乎就是不停地喂奶然后哄睡，给宝宝们洗澡，然后再重复上述任务。然后，我们看到了一线希望——宝宝们突然变得更加警觉。泽维尔（双胞胎中的哥哥）不喜欢吃饱就睡。我们便开始了一种"吃奶—玩耍—吃奶—玩耍"的循环模式，能够和他俩互动是件令人兴奋的事，就好像他们能理会我们一样。他俩能在垫子上快乐地躺几分钟，而我们实际上就可以解放双手去喝杯咖啡或是吃些东西了。这是一种非常解脱的感觉！"

有很多女人告诉我说她们很累，想知道什么时候才能不再缺觉。我经常回答说"大约20年后"，但事实上，一旦为人父母，对子女呵护备至、为他们殚精竭虑的日子就是你今后生活的常态了。而且如果你生的是一对双胞胎，更是需要双倍的付出。就像埃米莉说的：

和这对双胞胎独处是一种特殊的折磨，因为我发现自己得对他俩的哭声加以区分。其他双胞胎的妈妈说："哦，你能搞懂孩子哭声背后的含义"，确实是这样的，因为这是不得已而为之的事！

我曾竭尽全力想要抓住窍门同时喂养两个宝宝，但是不论是直接哺乳还是用奶瓶喂奶，我似乎都不得要领。不过，在万不得已的时候，我会把他俩都放在软摇椅里或是让他俩都靠在双胞胎哺乳枕上。我开始擅长喂其中一个宝宝喝奶的同时用脚丫子摇动另一个宝宝的软摇椅了。在我给双胞胎哥哥或妹妹里的其中一人喂奶时，会不断和另一个说话，乞求他（她）耐心等我喂完怀里这个再去喂他（她），走运的话，这种锻炼肯定能让我的孩子们将来养成不急不躁的脾气。当然了，他俩对此也别无选择。

我担心他俩会觉得自己被人忽视了。当我给一个宝宝喂奶而另一个朝我尖叫时，我觉得自己真是世界上最糟糕的母亲。我在体力上无法应付同时抱起两个宝宝，所以基本上会先选尖叫声最大的那个。凯瑟琳说我们必须"学会欣赏婴儿的哭声"。我丈夫去上班只剩下我整天和孩子们在一起时，我就得一连几个小时同时设法应付他们两个——我会先给其中一个喂奶，然后快速换喂另一个，我得试着抢占先机，趁先前那个还没闹的时候赶紧返回来接着喂，之后以此类推，直到兄妹二人都吃饱满意为止。

埃米莉继续直接哺乳她的双胞胎宝宝，最初在洗澡后会给孩子们喝一瓶配方奶，现在已经开始采用睡眠喂养法。这对双胞胎睡得很好，玩得也很开心，但是育儿这份艰巨的工作对埃米莉和安德鲁夫妇来说依然任重而道远。

成长中的宝贝

你的新生儿宝宝正在日渐长大。曾几何时，他还只是个吃饱就睡，睡醒就吃的小婴孩，现在，他的非睡眠时间变得更多了，他开始交际，开始想要学习，想要玩耍，想要与人互动。

他想和你交谈，想看看自己的小手，然后微笑着挥动手臂。他喜欢发出你听不懂的声音，但这些声音听起来都很棒。他正在学习如何与人交流。

如果宝宝觉得自己干什么事情干烦了，他会告诉你的。如果他在地板上，就会开始抗议。玩耍时间结束后，抱起你的宝宝，给他换好尿布，再重新包上裹布，让他吸吮另一侧乳房。你可以一直哺乳到他需要睡觉为止，不要喂到你想让他睡觉的时候就强行停止哺乳。

你可能想用日记记录下宝宝学会的各种新花招。等他长到十几岁时再把这本记录着他小时候生活点滴的日记拿给他看，他肯定喜欢读的。给宝宝多录些视频多拍些照片，你肯定永远觉得自己拍得不够多！人在成年以后都很爱看自己小时候的影像资料。

　　我在宝宝出生前 6 周一直过得糊里糊涂的。我读过很多关于分娩、母乳喂养和新生儿需求方面的书，但是在孩子出生之前，所有这些都是空谈，没有实际意义。我很快就发现，人们坚持认为你得给孩子准备的"必购"设备/玩具/东西其实毫无用处。

　　就像凯瑟琳教我的那样，宝宝出生前 6 周最重要的就是喂奶和弄裹布。我做得最好的事就是专注于这些基础性的工作。让人感到手足无措的是，你这辈子第一次开始照顾新生儿时，所有人都会对你发表意见，告诉你应该做什么。

　　最打动我的建议就是要摒弃所有的聒噪意见，然后一门心思喂养孩子，给他包好裹布，千万不要试着去解决他为什么今天能睡 4 小时而明天却只睡两小时的问题，只要心里想着孩子的睡眠问题以后肯定能有改善就好了。这些想法在宝宝出生前 6 周可真是帮了我的大忙。

　　我要尽情享受当下，随时按需哺乳，尽量让宝宝包着裹布睡觉。

布里迪

正常发育

　　让婴儿按自己的方式成长，大自然自有安排，它知道我们的身体天生自有一套发育过程。给婴儿太多玩具或把婴儿放在学步车或弹跳椅上只会妨碍他的自然发育规律。我们应该顺其自然。

全世界婴儿的生长发育过程都是如此，无须我们加以干涉。不要把你的孩子和别人家的孩子相提并论。有些婴儿翻身早，有些婴儿说话早，有些婴儿说话晚，有些婴儿出生时就出牙了，有些婴儿直到 10 个月大才出牙，这些都很正常。

婴儿要在地上爬够大约 1000 小时才会直立行走。

婴儿正常发育时也会让你见识到一些奇怪的现象。一旦婴儿在地上学会翻滚并开始移动身体后，就会在往前爬之前先往后退。不要问我个中缘由，所有婴儿皆是如此，如果你发现宝宝跑到座位下面去了也别太奇怪。

婴儿首先要学会爬行，然后才能独坐。最开始时他会像突击队员那样肚皮贴地匍匐爬行，然后才能四肢着地，晃动前行。你要做好准备，排除家里的儿童安全隐患，因为他们很快就能走路了！

手膝并用爬行对婴儿的许多发育阶段来说都很重要。爬行在婴儿的力量、平衡性、脊柱排列、视觉空间技能和社会情感发育方面都起着重要的作用。

最终，婴儿会爬着站起来，在家具周围游弋，开始拥抱美好的生活。当婴儿准备好要走路时，他会一个人站着，双腿分开，高举着双手。这是想要保持身体平衡的动作，自然本能再一次灵光乍现了！然后，等婴儿准备好了，他就能迈出人生中的第一步了。他会先尝试几步，然后扑通一声扑倒在地。等掌握好平衡并且重新获得勇气后，他马上就能走起来……跑起来了！

婴儿需要食物、关爱和温暖。除此之外，他们不需要太多闪亮炫酷的玩具。婴儿拥有的玩具越少，才能更加深刻地探索这个世界和他们自己。给婴儿玩健身架玩具会让他一直仰卧着盯着架子上挂的玩具看个不停，造成头部扁平，发育速度也滞后于正常婴儿。一旦你把健身架拿开，便会发现他开始仰卧着原地转圈了，还能伸手去触摸其他东西并且观察他的小手，而后，他开始伸手够东西，最后就能学会翻身了。

让婴儿坐在某一固定地方与让他们玩健身架的后果是一样的。他们很乐意整天坐在那里不动。这类婴儿往往会错过手膝并用的爬行阶段，最终只能屁股蹭地四处挪动身体。

小婴儿需要手膝并用地往前爬，为了做到这一点，他得让自己的身体充满力量，这样才能支撑躯干离开地面。他还得通过趴卧和翻身练习学会如何控制头部。不要着急，也不要逼迫孩子爬行。婴儿的发育过程容不得你拔苗助长，你只能任由他自由翻滚来增强上肢和躯干的力量。大脑决定了平衡性的自然发展，进而可以使婴儿协调必要的手部和腿部动作。

你的宝宝得学会如何依靠他自身的力量坐着，这是在他会爬并且可以移动到坐姿之后才能完成的动作。如果错过了这个过程，宝宝就只会坐着，而他此刻最需要做的其实是不断地爬行，这样才能学会如何站立，如何在家具周围游走，如何独自站着然后走路。请做好准备，因为他马上就要会跑了。

手膝并用的爬行对于空间感知能力和认识三维世界的能力

来说非常重要，还有助于婴儿的眼睛识别深度和距离关系。在地板上爬行时手臂和腿部的交叉动作通常是由腹部拖地爬行或突击队员式匍匐演变而来的。

当你和孩子在一起时，看看他的小脸。和他面对面交谈，告诉他你有多爱他。用你平时正常说话的语调呼唤他的名字。你的宝宝能听到你说话，他也喜欢看着你的脸。对于你的宝宝而言，你就是食物、爱和温暖的来源。

育儿是一件充满挑战性的事情，但它也给我们的生活带来了转机，让我们可以用好奇和开放的心态勇敢面对全新的每一天。并且育儿的过程还为我们提供了一个契机，让我们可以根据自己最想带给孩子的宝贵育儿经验来重新塑造我们的自我人格。

婴儿不需要的 14 件物品

·秋千：婴儿不需要秋千，他们需要的是地板！

·软摇椅：再强调一遍，地板是婴儿最安全且最实用的活动场所。

·学步车：婴儿发育到特定阶段自然会走路。学步车是非常危险的物品。

·座椅：婴儿不需要座椅，他们在学会爬行之前都不需要坐着。他们需要在地板上玩耍。

·洗澡架：婴儿需要在浴盆里全身放松并且漂浮在

洗澡水里。

·出牙项链[1]:这种项链不能帮助婴儿长牙,而且如果项链断了还会引起窒息危险。

·白噪音:婴儿不需要听白噪音入睡。

·放在婴儿房内根据室温变色的椭圆形温度计。

·耳温计:你的宝宝发高烧生病的话,你自然能知道他的体温变化。最好使用数字体温计。

·小鞋子:直到孩子能在屋里走路和跑步时才需要穿鞋!

·美食食谱:婴儿需要洁净而简单的食物。

·健身架玩具:健身架会让婴儿盯着架子上挂的玩具一直看,妨碍他们环顾房间。

·给婴儿床里放防撞护围和玩具:有可能导致婴儿猝死综合征,所以不建议使用。

·在婴儿车上围薄纱巾:让婴儿多接触新鲜空气,而且他也很喜欢观察周围的世界。

---

1. 给婴儿佩戴琥珀出牙项链或者手链是国外(特别是欧洲)比较流行的缓解出牙不适的偏方。这个做法历史悠久,但是从未被科学数据证实过,并且也有一定的危险性。目前,出于儿童安全的角度考虑,已经不再提倡让婴儿使用出牙项链了,因为它们可能会被扯断,被吞入口中,还可能造成绕颈和窒息的危险。

第四周
哺育、玩耍和睡眠习惯培养

洗澡—喂奶—睡觉

本周你依然要日复一日地重复育儿工作，每天晚上10点继续给婴儿训练洗澡—喂奶—睡觉习惯。婴儿会变得更安定并且非常享受洗澡过程，还能用奶瓶多喝一些奶水。随着时间的推移，婴儿的饭量会有所增加。用奶瓶喂奶时我总会比婴儿的实际饭量多准备一些奶水，好让他能一次喝饱，因为婴儿喝饱奶后自然就不会再继续喝了，你不可能把婴儿喂撑，而且所有婴儿洗澡后吃配方奶的食量也都不尽相同。

日间喂养

白天需要继续进行有效的持续性喂养。通常需要在每天上午每3小时喂婴儿喝一次奶，随后的喂奶次数可能会更加频繁。婴儿往往会从下午6点也就是大家通常所说的黑暗时刻开始不停吃奶。继续给婴儿喂奶，使他体重增加，同时确保他在地板上有足够时间通过玩耍来消耗精力。记住：食物＋活动＝睡眠。妇幼保健护士给出生 4 周的宝宝做检查时，你会发现他变重了。宝宝体重增加对你来说一直都是件值得庆幸的事。

玩耍

玩耍和趴卧练习是你在一天中需要把握好的关键时刻。婴儿可以左右移动头部了，你会惊讶地发现他的脖子已经变得非常结实。在两次喂奶间歇期让他进行趴卧练习，每天至少需要练习 6 次。虽然每次只需要趴几分钟，但却能使他变得更加强壮，并且让他逐渐爱上趴着玩耍。

你不需要一整天都一直待在家里，可以把孩子放在婴儿车里推出去散散步，这样他就可以在婴儿车里玩耍了。遇到强光时，婴儿会自动闭上眼睛，所以不用拿围巾将婴儿车包起来，要让他好好环顾四周，呼吸一下新鲜空气。他很乐意看着你的脸，在你喂奶或和他说话时尤其如此。当你把他抱到身边时，他已经能用目光追视你了。你的宝宝正在慢慢觉醒。

第四周即将结束时……

· 你可能已经参加了一次新手妈妈的群体活动。

· 婴儿现在已经开始稳步增加体重。

· 你可以从容自信地带孩子出门散步了。

· 如果当初你的分娩方式采用的是剖宫产，可能已经可以重新开车了（请先让妇产科医生检查一下）。

· 洗澡—喂奶—哄睡习惯训练得很顺利，你的宝宝洗完澡可能已经可以踏实睡 4 个小时。

第八章

出生第五周

你已经成功来到了第五周!

为你自己感到骄傲吧。你的宝宝开始环顾四周,他真的可以向你微笑了,因为他已经认识你了。他熟悉你的气味,熟悉你的声音,熟悉你的触碰。如果别人抱起你的宝宝,他总想要回到你身边与你依偎在一起。有你在场能使他平静下来。这真是一种超棒的感觉。

继续进行习惯训练

记住宝宝需要的三样东西:食物、关爱与温暖。

你依然需要给宝宝喂奶,给他关爱,并用裹布将他好好包住。如果你先前培养的洗澡习惯业已形成,可能就会发现宝宝现在想要早点睡觉。可以让他在晚上 9 : 30 洗澡,然后吃点奶睡觉。他甚至能睡得更久了。

宝宝体重会不断增加，喂奶时长可能也会有所减少。相较于新生儿阶段的长时间哺乳，你的宝宝现在可能只吮吸 5～10 分钟就已经吃饱。你的泌乳情况已经稳定下来，现在的哺乳效率变得非常高，而且你的乳房也重新变得柔软。

你可能会发现宝宝一天中某个时段喝奶用时很长，而在其他时段喝奶用时却很短，但是每一次哺乳都很重要，请相信你的宝贝，他知道自己该喝多少奶。

在你早晨醒来后，趁宝宝还包着裹布时给他喂一次奶是个很好的习惯。等喂完奶再给他打开裹布，换好尿布，然后放到地板上，让他有时间活动活动，踢踢小腿。你不用每次喂完奶就把他放回床上。很多妈妈都有这种习惯，她们喂完奶就会径直把宝宝放回婴儿床上。然后，也就 10 分钟的工夫，宝宝又醒了。

你的宝宝可不想一直睡觉，他还要忙着学习呢。所以你应该喂完奶就把他放在地上，让他做些体育锻炼。趴卧练习特别重要，因为它可以增强宝宝脖子和背部的肌肉力量。

亲子依恋

胎儿还在子宫里时就已经开始形成母子及父子之间的亲子依恋感了。一旦婴儿出生，即便分娩过后再疲惫不堪，妈妈也能通过看、抚摸和嗅闻的方式对自己的孩子产生依恋感。婴儿的依恋感则是通过吮吸、倾听、嗅闻和触碰妈妈而产生的。

在婴儿出生前 12 个月建立起母婴之间的依恋关系是很重

要的。我经常提到，婴儿出生时的情绪就好比是一摊湿润的水泥，需要经过父母的塑造雕琢，婴儿才有能力进行思考、反馈，学会依恋并信任他人，懂得去付出自己的爱。为了生存，婴儿对家长在身心上的依恋就如同对食物和容身之所一样，这些对他来说都无比重要。

有助于建立亲子依恋关系的 10 种方法

·拥抱你的宝宝。

·抱紧你的宝宝并亲吻他。

·在宝宝哭闹或者需要你的关注时，对他的需求做出回应。

·看着宝宝的小脸，和他对视。

·慢慢领会他是如何对你本人、你的语调、你的微笑和你的歌声做出回应的。

·多和你的宝宝一起玩耍。游戏是孩子们学习成人行为处事的最有效方法之一，这种游戏从孩子出生时就开始了，而且会一直持续贯穿于他的整个童年、青少年和成年时期。

·和宝宝说话时要告诉他他真的很可爱。

·让宝宝冲你笑笑，如果他笑了，就表扬他。

·边给宝宝洗澡边跟他说话，把洗澡变成一件有趣的事。

·记住，你的话将成为他一生中回荡在脑海里的声音。

我们自小接受的养育方式决定了我们是如何学会关爱别人的。我们头脑中回荡着自己父母的声音，这会变成我们思考和学习的方式，反过来也会变成我们对待他人的方式。成年人在情感方面的安全感取决于幼年通过父母得到的关爱、亲密关系和依恋感。在学校表现出行为问题的孩子，往往都是因为幼年时在家里习得了一些不良的行为。

但我说的并不是随时将孩子带在身边、延长母乳喂养时间、母子共睡和母婴几乎形影不离这种"依恋式育儿"，我提倡的是从婴儿出生第一天起，家长就开始采取一种积极、温和且始终如一的育儿方式。为了建立亲子依恋关系，你不用每天24小时陪伴婴儿睡觉，也不用哺乳很多年，你要做的是随着时间的推移，与孩子在关爱和安全感的基础上建立一种牢固而信任的关系。

婴儿不应该惧怕自己的父母，也不应该通过卖力讨好才能换取父母的关爱、信任和自身的安全感。同样的，父母应该长时间抱着自己的宝宝，对他的需求迅速做出回应，跟他说话时要用积极、关爱的语气，这些才是家长的正确做法。

我鼓励你从婴儿出生第一天起，就以一种积极而富有爱心的说话态度和你的孩子讲话。向他解释你是谁，告诉他你有多爱他，将你知道的一切都告诉他。紧紧抱住他，和他目光对视，为他唱歌，跟他说很多话，为他提供无尽的爱。如此这样，一旦宝宝的情感基调形成之后，这个你深深关心爱护的小人儿就会成长为一个富有爱心和同情心的人了。

孩子都是通过父母的身教来学习如何去爱、同情和理解他人的。如果我们在孩子幼年时以身作则，就能强化他们爱的能力，让他们更容易同情和理解他人。孩子们本身并无良莠之分，本质并不顽劣，也不具有破坏性，至于那些后天习得的劣行，都是在他们的情绪塑造形成期从成人身上学会的。

作为新手父母，经常会有人告诫你不要抱着宝宝，因为"你会把他宠坏的"。事实上，你不可能因为给孩子提供了无尽的爱而把他宠坏。我鼓励家长喂奶后时常抱着孩子待几小时，但是每天都有新手父母问我："如果我们抱他，他会不会以后一直让我们抱着不让放下了？抱孩子会不会把他宠坏呢？"

当我听到这种话时，简直心都要碎了，因为现在的年轻人认为喂完奶就把婴儿独自留在小床里任其哭泣是件稀松平常的事，他们居然觉得这样做可以让婴儿"自己安静下来"。

记得我儿子大约3个月大时，我带他参加过一次烤肉聚会。有个人这样问我："你家孩子很黏人吗？你怎么一直抱着他不放下？"

我记得我对那个人说自己很喜欢抱着儿子，而且他在我怀里也很开心，所以这一切都不成问题。他却回答说我太惯着孩子了。

一些育儿书和睡眠课程会告诉新手父母不要与婴儿有眼神接触，特别是在夜里，认为这样可能会刺激婴儿兴奋起来。我则鼓励你在夜间喂奶时对孩子表现得爱意满满，多对他温柔地讲话，与他进行眼神交流。这些日子看起来似乎很漫长，实则非常短暂，而且转瞬即逝。

我们在日常生活中随处可见家长隔断婴儿与外界各种刺激

的现象。

看看周围的新手妈妈们，她们推婴儿车出门散步时总会想方设法地让宝宝在推车里睡觉，她们会用毯子或纱巾将婴儿车盖住，让婴儿免受外界刺激。请摘掉婴儿车上的毯子或纱巾吧，因为小婴儿需要阳光和新鲜的空气。只需看看树木、云朵和周围的人，再听听鸟儿婉转的鸣叫，你的小宝宝自然就能酣然入梦。最重要的是，让他能看到你的脸，所以请你多看看他，和他说说话，对他笑一笑。如果不拿东西遮盖婴儿车，等你的宝宝觉得累了，自然会在你还推着他散步时就开始呼呼大睡。

不仅母乳喂养会产生亲子依恋感，用奶瓶喂养同样也能产生强烈的亲子依恋感。最重要的是母亲要开心快乐，这样才能促成母子之间的依恋关系，形成受用一生的爱的纽带和安全感。

母亲的情绪

养育子女是件苦差事。你会深刻感受到缺觉的痛苦，有时还会因为一些愚蠢的事而掉眼泪。你的荷尔蒙会失调，哭是一种正常现象。

产后情绪低落通常发生在产后第二天到第三天，相信我，不论好事坏事，伤心事或开心事，都能令你痛哭流涕。你会觉得自己极不理智，失去了控制，但就是无法阻止眼泪夺眶而出。这样的日子不宜接待前来探视的亲友。产后情绪低落期通常会持续一两天时间，除了大量的温柔呵护、支持和理解外，不需要其他治疗。

我的挚友兼同事，精神科医生黛安娜·科雷瓦医生是专攻妇女心理健康、妊娠期和围产期精神障碍领域的专家，在下面几段内容里，她为我们详细介绍了妊娠、分娩和育儿对新手妈妈造成的心理影响。

初为人母的生活

虽然在妊娠期和婴幼儿期母亲患上抑郁症和焦虑症的风险有所增加，但是现代心理学方面通常能在早期介入的情况下提供非常有效的治疗手段。要注意的症状包括睡眠障碍、易怒、情绪低落和思维混乱。

现代心理学疗法，特别是源于佛教冥想传统的正念疗法，可以利用神经的重塑过程，让人将生活中遇到的各种困难视作增强情绪恢复能力和人际关系的契机。正念疗法是一种复杂的技法，可以帮助我们立足当下，调节强大的情绪，同时更加准确地了解我们周围及内心发生的事。

把正念疗法用于育儿工作时，可以帮助家长更加准确地了解自己的孩子或孩子的行为。让我们不再轻易受到自我怀疑和无用思维模式的影响，进而更加熟练地驾驭矛盾心理、易怒情绪甚至是愤怒情绪，不再直接责备他人或怪罪自己。

有时候，在治疗围产期抑郁症或焦虑症时，可能会建议服用药物来增强心理治疗效果。如果仔细选择用药，可以显著改善大脑功能，令其得以恢复，同时令心理疗法更加奏效。一些母亲可能会担心服药的后果，但研究表明，家长的情绪是否健康关系着子女能否健康发展。

黛安娜·科雷瓦医生

如果你一直哭，感到焦虑、担心或害怕，甚至有要伤害你自己或亲生骨肉的想法，请赶快寻求帮助。

我记得当时看着自己的宝宝，觉得他很可爱，但是就是无法立马爱上他。我丈夫非常爱孩子，所以我很嫉妒他对孩子的爱以及他们父子之间建立的亲密关系。我负责照顾宝宝并给他哺乳，但是直到孩子长到5～6周大时，我才萌发出母爱来。我一直心有愧疚，因为没在孩子一出生就迸发出母爱，而且还与他有疏离感。

埃 玛

在产前护理阶段，罕有女性会被问及是否有焦虑症和（或）抑郁症的家族病史或个人病史。研究表明，产前接受焦虑症和（或）抑郁症治疗的女性患上产后抑郁症的风险会有所降低。

经常有妊娠前就患有焦虑症和抑郁症的女性认为停止服用抗抑郁药物对她们自身和正在发育的胎儿来说才是更好的选

择。其实恰恰相反。我们现在知道，有焦虑症和（或）抑郁症既往病史的女性继续服药并由全科医生或精神科医生配合产科医生和（或）助产士进行妥善照顾的话，在妊娠期和产后都能保持更为稳定的情绪。

作为伦恩·克里曼医生开设诊所里的一部分工作，我对大多数女性都进行了产前咨询。如果被问到的孕妇以前患过焦虑症和（或）抑郁症，我们可以在必要时安排专业的精神科医生和（或）心理医生在产前对患者进行检查。

产前检查一般都是围绕母婴健康和胎儿的成长发育情况展开的，孕妇的心理健康状况并不是检查的重点。产前阶段很少会涉及心理问题，许多女性也不愿泄露她们的既往病史或家族病史。

对于一些女性来说，由于荷尔蒙的变化和对分娩的恐惧，患上产前焦虑症和产前抑郁症的风险会有所增加。如果你是孕妇且有焦虑症和（或）抑郁症病史的话，请将这种情况告诉你的全科医生、助产士或产科医生，这会让你感觉自己更有自控力的同时还能减少焦虑的情绪。研究表明，多达 1/10 的女性都患有产前焦虑症和抑郁症。

许多女性都有或多或少的焦虑情绪，但是如果你每天都觉得很焦虑，而且在妊娠期总是焦虑、爱哭、易怒或敏感的话，再强调一遍，请将这种情况告诉你的全科医生、助产士和（或）产科医生。如果你感到极度恐惧，特别是对即将到来的分娩时刻非常恐惧，最好和你的产科医生或助产士谈谈，因为在此期间进行冥想和正念训练对你非常有帮助。我们不想让你把这种焦虑情绪一直延续到产后，那时候，缺觉的痛苦再加上已经焦虑不堪的情绪，外带还要照顾嗷嗷待哺的孩子，有时真的会让你变得手足无措。

　　我们现在知道，甄别并控制孕妇和新生儿家长的压力是非常重要的。研究表明，家长如果能在情感方面具有良好的恢复力，他们的孩子在生活中的总体表现也都比较优秀。他们能更有效地学习，拥有更稳定的关系，并且在日后的生活中不太可能患上焦虑症和抑郁症。

　　对人类情感方面的研究和人际关系方面的神经生物学研究使我们看到了人际关系的复杂性和重要性。

　　婴儿出生前几个小时便可以在能与其建立情感联系，缓解其痛苦并做出明智冷静反馈的照顾者的安抚下平静下来。

　　虽然婴儿会理所当然地因为饥饿、疲劳或疼痛等不适感觉而开始哭泣，但父母的大脑深处可能会在潜意识下产生强烈的反应，导致压力应激过程。成年人在感受到压力时，共同的反应就是要去解决问题。但是，当我们头脑陷入僵局，一门心思想着如何才能发现婴儿哭闹的具体原因时，情绪脱节就会影响我们的反应能力，让我们无法精准了解正在发生的事情并且做出明智的反馈。

黛安娜·科雷瓦医生

治疗焦虑症和（或）抑郁症的药物对母婴双方及其家人来说都很重要，在妊娠期和产后哺乳期服用都很安全。我对担心吃药的病人说，如果她们得了肺炎，需要吃抗生素才能恢复健康，她们肯定会毫不犹豫地吃药。你得用同样的方式来看待抗抑郁药物：有些女性体内的化学激素失衡了，需要药物治疗。

妊娠前及妊娠后患上焦虑症及抑郁症的症状其实大相径庭，只不过产前还会伴有荷尔蒙变化、睡眠不足、耻骨疼痛、胃灼热和其他的妊娠不适感。你可能会因为即将到来的分娩时刻和养育子女的重任而觉得悲观、毫无斗志、内疚、绝望、无力、易怒，还有无以复加的焦虑感，请将这种情况告诉你的全科医生、产科医生和（或）助产士。

焦虑和抑郁情绪不仅影响女性，也影响男性。妊娠期和产后，你的另一半可能也会像你一样因为养育子女的各种重任而感到悲观、无力和焦虑。你们都可以从医院得到很好的医疗、精神和心理援助。你们并不孤单：只需打个电话，就能从你信任的人那里得到帮助或咨询。

在产前和产后寻求心理帮助会对你的育儿过程产生非常深远的影响：你不仅为自己做出了正确的决定，也为你的宝宝做出了正确的决定。

过去几十年，通过科学研究，我们对压力和心理障碍（如焦虑症和抑郁症）的控制已经从根本上转变成了一种通过脑细胞不断建立全新互联的神经重塑过程。相当于大脑进行着自我重塑，将基于我们自身思维、情绪和行为的模式进行强化。这意味着，如果我们花在焦虑、易怒或沮丧情绪上的时间越多，等我们遇到困难时就越有可能出现这些负面情绪。

人类大脑就像是一台不断开启的模拟器，而且大部分时间我们都生活在自动控制模式下。我们可能正安静地坐着喝早茶、喂孩子吃饭或是开着汽车，但通常情况下，我们其实并未完全集中精力做这件事。我们的思维正在不断游离，也许脑中正在重温自己与他人的某次对话，回复某条短信，或是琢磨着晚饭想吃什么。当我们这样想时，大脑和身体做出的反应就好像脑海中模拟的情景在现实中正在发生一样。每当我们在脑中思忖和计划的内容出现哪怕非常细微的负面情绪，与压力有关的荷尔蒙和神经递质就会倾泻释放，充斥于我们的神经系统、肠道和心脏的各个细胞中。

人类主要是社会性生物，研究已经发现了人类大脑的结构和功能是如何受到他人情绪、语调和面部表情影响的，这种影响在很大程度上是无意识下发生的。当我们和愤怒之人或易怒之人在一起时，更容易觉得紧张或在某种程度上觉得不安全。另一方面，当我们和冷静且精神状态良好之人在一起时，也会影响到我们的情绪状态，这也对荷尔蒙系统和神经重塑性产生了影响。如果我们想做好育儿工作，就得积极主动地看待情感幸福和健康的人际关系。

黛安娜·科雷瓦医生

第五周
哺育、玩耍和睡眠习惯培养

洗澡—喂奶—睡觉

本周在洗澡—喂奶—睡觉习惯训练方面没有变化。如果妈妈能在宝宝洗澡前就上床睡觉，而且宝宝能在凌晨 3 点左右才醒来的话，妈妈就有希望睡 5 个多小时。婴儿吃奶量仍将继续增加，即便每周只增加 5~10 毫升也是有可能的。不要停用奶瓶，因为婴儿永远不会拒绝直接哺乳，但是如果他停用奶瓶的话，就永远都不会再用奶瓶了。

日间喂养

婴儿白天吃奶依然很积极，但是每隔 3 小时喂一次的日子已经一去不复返了。你需要结合婴儿的玩耍和趴卧练习情况给他喝奶。随着时间的推移，婴儿的食量会变得更大，你的胸部可能会变得更加柔软而且不再胀满乳汁。你乳房里的奶水在早晨起床时相对丰沛一些，但是一天下来，就会觉得你的母乳不够喂饱孩子，但要记住，泌乳是一种天生固有的能力，它不会凭空消失，但是用吸奶器或服用药物不可能增加母乳产奶量。如果你的宝宝需要吃很多奶，那就给他补充喝些配方奶，好让你自己的生活变得更容易一些。有时给孩子喝配方奶确实是别无选择，你的宝宝终归还是得依靠食物来维系自身生长发育并满足睡眠的需要。

玩耍

现在游戏时间变得更具互动性了，你的宝宝可以在地板上享受趴卧练习了。婴儿不需要挂在健身架上晃来晃去的玩具，他的双手就是最完美的玩具。让他在两次吃奶间歇期通过仰卧和趴卧练习来消耗精力，同时接受周围环境的刺激，这真的很重要。如果你家有窗户，在保证安全的前提下将婴儿放在窗户附近（不要放在阳光直射的地方），他一定很喜欢观察各种树木、阴影以及外面的大千世界。

第五周即将结束时……

- 你的日常习惯训练进展得很顺利。
- 通常恶露都已经排干净了。
- 你的乳房也不再有不适感了。
- 婴儿开始环顾四周。
- 婴儿在地板上的玩耍时间逐渐增多。
- 你身上的疼痛应该已经完全消失了。

第九章

出生第六周

你已经成功来到了第六周！希望从婴儿出生到现在，全程都有我一直陪在你的身边。我和很多父母一起庆祝过宝宝出生满 6 周这个里程碑式的阶段。他们来做产后复查时，都带着自信的表情和全新的体验。他们已经顺利撑过了宝宝出生前 6 周这段日子，等完成产后 6 周预约的检查后就不再需要医疗护理了，许多妈妈对此未免有些伤感，因为我们从妊娠期就已建立起非常亲密的互信关系。

你无法向任何人解释你在宝宝出生前 6 周的感受以及自己是如何应付处理各种问题的，但是当你到达那个里程碑时，就会觉得非常棒。这当中有爱，有睡眠不足的痛苦，有欢声笑语的幸福，有换脏尿布和应付宝宝吐奶的辛劳，也有宝宝的啼哭和你的泪水，但无不充斥着你对这个新生儿的爱。

母乳喂养现在也容易多了。给他额外补充一些配方奶也是可以的。回想一下宝宝出生那天，那时你都不知道自己在做什么。6 周过后，你会感觉得心应手得多。以后还会遇到一些困难，但你肯定都能加以克服。

慰劳自己

你需要时不常地从照顾婴儿的工作中抽身出来，特别是在婴儿出生的早期。一直哺乳是件非常辛苦的差事，宝宝会经常啼哭，你还要给他换很多尿布，更不用说你还得忍受缺觉的痛苦了。然而，你都做到了，而且做得很棒，干得负责又到位。

所以，你可以在晚上偶尔放松一下。找天晚上出去吃顿饭或看场电影。让你信任的熟人帮忙照顾下孩子。你会发现放松回来后整个人都感觉超棒。相信我，你肯定会夸自己的宝宝比其他宝宝进步更快、更棒、更可爱！

祖辈的爱

一旦你的宝宝降生，祖父母（外祖父母）就可以在你的生活中以及社会上起到惊人的作用，新手父母回去上班时，他们通常会帮忙照顾孩子。如果没有我父母的爱和支持，我根本无法应付孩子刚出生那几年。我儿子拉克伦到现在还记得姥姥和姥爷带他去公园散步，向途中偶遇的火车司机挥手致意，在桑德灵厄姆的沙滩上漫步，以及姥爷带他坐火车和有轨电车的经历。这些都是他们祖孙之间值得珍惜一生的特殊情谊和宝贵回忆。

让你的父母和（或）公婆留在身边帮忙，可以让你更理解并尊重他们为你们小两口所做的一切，而且令你赞叹不已的是，他们不但会付出无条件的爱，还能同时胜任多重任务（给全家做饭、打扫房间和洗衣服等）。

我和许多新近成为祖母（外祖母）的人聊过，在我教新手妈妈应该如何哺乳和育儿时，她们往往就静静地坐在我的办公室里。这些奶奶（姥姥）很快便会轻松自信地说："我们当年就是这么做的。"新手妈妈们常常认为自己的妈妈不够与时俱进，但一定要听妈妈的话，因为她们通常是对的！

在宝宝出生前6周，你需要很多帮助和支持，这些通常都来自你的父母或公婆。

如何管理好前来帮忙的家人

·制作一份轮值表，来帮忙的人就不会同时出现在你家。

·给亲戚写一份家务清单。

·向家人解释如何应对婴儿猝死综合征的指导方针，因为现在婴儿的睡姿跟过去不一样了，但是你的父母可能会说："好吧，我以前也是让你那么趴着睡的，你不是活得好好的。"你当年趴睡时确实没发生危险，但是很多婴儿就没这么幸运了，所以你得给他们找些书面资料来帮助他们理解这件事。

·善于利用你和妈妈或婆婆在一起的时间，让她们帮忙完成特定的任务。

·你可以趁孩子的祖父母（外祖父母）过来帮忙时洗个澡或小憩一会儿，让他们帮你抱着宝宝。

·让那些给你帮忙的家人朋友负责接听电话或是开门迎接访客，这样你就不必将分娩经历反反复复讲给别人听了。

·向那些给你帮忙的家人朋友解释你的育儿方法。

·如果父母来自海外或他省，你可以在附近找个地方让他们住下来，这样大家都能觉得更高兴而且更放松。

·如果家庭成员中有人吸烟，请告诉他们在家里或婴儿周围禁止吸烟，并告诉他们与吸烟相关的一些风险。

成为祖父母（外祖父母）对你的父母来说是一种意想不到的乐趣，他们经常希望能帮到你，可能还一直都很关心你。不久前，你也曾是他们怀中的小宝贝，所以他们很愿意给你帮忙。

即便你和自己妈妈和（或）婆婆的关系不太融洽，我相信她们仍然愿意帮助你。我记得有一次家庭访视时，女儿泪流满面地躺在卧室里，她对自己的母亲很恼火，因为老人不太帮她照顾刚生下来的宝宝。这位新晋外祖母只是想给女儿帮帮忙，但却不想"干涉"太多。我被夹在这对母女之间左右为难！我建议新手妈妈列一份她希望自己妈妈怎样帮忙的清单，让母女俩都有了一些安排，生活从此得以继续，她俩都开心了许多，情绪也都更稳定了。

很多新手妈妈的父母和公婆都住在国外，孩子出生后让他们与小两口同住一室会造成紧张的家庭气氛。每个人都很疲劳，都需要一些私人空间，也需要得到他人的尊重。

今天我陪我的独生女莎拉去伦恩·克里曼医生的诊所做了之前预约的检查。

初为人母的莎拉情绪非常低落，是你让她恢复了信心和力量，让她继续给宝宝喝了配方奶，扔掉了吸奶器，她能继续给她女儿史蒂维直接哺乳了。我们都替她感到高兴，因为史蒂维现在变重了，而且你还向她特别建议了所有合理的母乳喂养技巧，这对她的帮助很大。

我住在离墨尔本 230 公里远的地方，唯一能做的就是每周来一次墨尔本，很高兴今天能见到你并且听你传授了很多经验。我希望现在莎拉能放松下来，史蒂维能茁壮成长。

万分感谢。

感激之至的外祖母桑德拉

新晋祖父母（外祖父母）能提供的10种帮助

·多煮些食物存放在冰箱里。

·与家人一起制定一份适合的帮忙轮值表。

·协助婴儿父母洗衣、打扫房间。

·与亲家父母做好沟通，这样就不会产生矛盾了。

·要灵活变通，顺应潮流。

·要对婴儿父母慎重提供建议（即使你曾将自己的子女抚养得很健康）。

·如果你不喜欢新生儿的名字或书写方式，也请舒口气放轻松。随着时间的推移，你就能慢慢适应这个名字了。

·摆正自己作为祖父母（外祖父母）的位置，你不是新生儿的父母。难的是如何让你自己退居二线并且克制住别总对新生儿父母说你的经验之谈。

·记住，每个人都很累，而且都很情绪化，新手父母对新生婴儿的一举一动都会过分紧张。要有耐心并且享受好每一天。

·带着新生儿和新手妈妈一起散散步，给她一些信心。

"坐月子"习俗

在有些国家的文化习俗中，会推行"坐月子"的传统，产妇和新生儿要在家里待满 40 天，其间不得接待访客。这种传统的产后习俗有助于新妈妈从怀孕和分娩的过程中恢复过来，由产妇的母亲或婆婆负责照顾产妇母子。所有种族人群都有自己的"坐月子"习俗、特殊传统和新妈妈需要遵守的特定饮食要求。

不断变化的宝宝

你会发现你的宝宝在出生 6 周之内发生了不可思议的变化。如果你比较一下宝宝刚出生时的照片，就会看到他是如何发育的。他的头变大了，身体变长了，体重也变重了。你的宝宝会循着声响扭头，还会对你微笑，而且互动性也更强了。你们会互相交谈，虽然不能真正理解彼此的意思，但这仍不失为一种交流。他会通过你的每句话、每个动作进行学习。你就是他的老师，是他生存的依靠，是他获取食物、爱与温暖的源泉。

到了宝宝出生第六周，你得考虑一下你自己的情绪问题了。如果你一直抹眼泪，思想消极，或者觉得自己无法胜任当妈妈的角色，那就得去寻求一些帮助了。在你周围有很多优秀的专业人士可以帮助你。如果你哭了，不一定是因为得了产后抑郁症。有些人只是偶尔需要通过哭来释放自我，因为你很疲倦，非常容易情绪化，而且还忙得不可开交。

如果你不只是哭那么简单，你的思想很消极或是怎么也提不起当妈妈的兴致，你就要找你的另一半、专业人士或是密友好好聊聊了。

产后42天体检

婴儿出生6周后，母婴双方都要到产科医生那里进行一次体检。现在宝宝已经6周大了，作为孩子的父母，你们肯定感觉很骄傲。你家宝宝吃奶的事情已经步入了正轨，会让你觉得心里很踏实，看到别的孕妇时，你会边看着她们边想："哦，天哪，你前面还有很长的路要走呢。"

找产科医生或助产士进行产后体检通常包括评估母亲的感受，确认产后子宫是否已经恢复原状，母乳喂养情况如何，以及母亲在育儿方面是否存在问题。医生还会为你检查阴道分娩或剖宫产的伤口是否已经愈合。医生也会和你谈到避孕的话题，但这件事可能你现在还没开始考虑。等你身体舒服一些做好准备后再和另一半恢复性生活也不迟。

防疫接种

防疫接种可在婴儿出生6周或8周时开始进行。这对一些人来说是有争议的。现在，地球村趋势日渐明显，每天都有人往返穿梭于世界各地，随之而来的是许多疾病的广泛传播。因此，我们需要进行防疫接种来保护我们的后代。

我建议你阅读有关免疫接种的知识并与专业医务人员讨论一下。我赞成所有儿童和成人都进行免疫接种。遗憾的是，由于有人拒绝给自己的孩子接种疫苗，令他们失去了宝贵的生命。正如澳大利亚卫生部所说的："免疫接种是近200年来最重要的公共卫生干预措施，为防止许多疾病传播提供了一种安全有效的方法，这些疾病会导致住院、严重的持续性健康问题，有时甚至会致人死亡。"自从澳大利亚从1932年为儿童接种疫苗以来，疫苗可预防性疾病的死亡率下降了99%，免疫计划每年可以防止约300万人死亡。

为了使免疫接种的益处最大化，需要给足够多的人口接种疫苗进而阻止致病细菌和病毒的传播，这种现象被称为"群体免疫"。根据每种疫苗可预防的疾病不同，必须进行免疫接种从而阻断疾病传播的人群比例也各不相同，但对于大多数疾病来说，这一比例约为90%。对于高传染性疾病来说，比如麻疹，这一比例则高达人口总数的95%。免疫接种可以利用人体的自然免疫反应来增强针对某种特定病毒感染的抵抗力，但是不会使接种者出现疾病症状。

婴儿猝死综合征

我们都很关心自己的子女。常言道：养儿一百岁，长忧九十九。现在孩子还很小，这种担忧才刚刚开始。

婴儿猝死综合征一直是社会非常关注的问题，但是死亡人数近几年减少了一些，有许多因素可以降低婴儿猝死综合征的发生概率。

你应该始终让婴儿保持仰卧睡姿而非俯卧睡姿。

根据气候给婴儿穿上适合的衣服，并给他裹上轻薄凉爽的裹布。别给婴儿捂太多衣物，也不要让室内温度过热。你不用给婴儿盖很多层被子，也不用开着加热器给婴儿房增温。根据我们的过往经验，在婴儿床周围挂上防撞护围是很危险的，在婴儿床上放玩具也很危险。婴儿床上除了一张床垫和一条大小适宜的干净床单外，什么都不要放，等把包好裹布的婴儿放在床上后，在他身上盖一条轻便的床单然后塞好即可，其他什么也不需要。

婴儿在床上躺着时，不要给他戴帽子，因为他会把帽子扯下来遮住小脸。也不要给婴儿戴连指手套，因为他会啃咬手套，进而造成窒息危险。

吸烟也是导致婴儿猝死综合征的一个主要因素。

很多年前，不少女性认为妊娠期吸烟并无大碍。人们在家吸烟更凶，所以孩子们都是在烟雾弥漫的家庭环境下长大的。现在，随着人们对这一健康问题的全新理解，我们知道了主动吸烟或被动吸烟都是非常危险的，不仅对婴儿而言如此，对我们所有人而言都很危险。

拥有无烟环境真的很重要。任何靠近你家宝宝的吸烟者都应该到室外去吸烟，并让他们吸完烟后洗手洗脸。我的一个建议是，吸烟者在室外吸烟时必须穿上一件外套，这样可以减少吸烟者衣服上附着的烟尘量。如果你刚抽完烟就靠近婴儿，婴儿仍可吸到一些二手烟。

我们不提倡你和新生儿共睡一张床，但也不是说你在清醒状态下和他拥抱玩耍时不能让小宝宝跟你一起待在床上。但是如果你累了，而你的床上又放着一条能让婴儿窒息的羽绒被，那就很让人担心了。最好把孩子的婴儿床靠在你的床边，或是放在你觉得安全的地方。

请仔细阅读本书中关于婴儿猝死综合征及其风险的有关章节，这对所有新生儿父母、祖父母（外祖父母）和照顾人来说都是非常重要的内容。

让婴儿安全入睡及减少婴儿猝死综合征风险的 5 种办法

- 让婴儿在卧室中安全的婴儿床内以仰卧姿势睡觉。
- 始终不能让东西遮住婴儿的头部和脸部。
- 让婴儿出生前和出生后都一直处于无烟环境中。
- 确保婴儿昼夜都能处于安全的睡眠环境中。
- 进行母乳喂养。

妊娠后的身体

妊娠前、妊娠期和妊娠后的三种身体状态之间没有可比性。你确实长胖了。女性在妊娠期长胖是自然且健康的正常现象。现在大多数产科医生都不给妊娠期女性称重。

我们不提倡你"吃双份",而是希望你能有自然健康的饮食规律。你可以补充一些维生素,包括复合维生素、维生素 D 和叶酸。如果你身体中的铁含量低,可能还需要补充一些铁剂。哺乳期也可继续服用复合维生素、维生素 D 和铁剂。

恢复运动可是个大问题。有些女性产后就想马上开始运动,但要记住,你才刚生完孩子,身体刚经历了从怀孕到分娩的全过程。分娩 6 周后,通常才能恢复正常的运动计划。

不要在恢复运动第一天就去跑马拉松,要懂得循序渐进。每天和宝宝一起散步是件非常美妙的事,在生理上和情绪上都能给你带来帮助。散步对你的宝宝也很有好处,这样他就可以看到不同的事物——各种树木、小鸟、汽车……和他聊聊天,将生活中遇到的一切都讲给他听。

并非所有人生完孩子都能瘦下来。有时产后肥胖真的很顽固。如果你采用母乳喂养,体重或许能减得快一些,但这不是竞赛,你正在哺育后代,身体自然需要一定的重量才能让你更好地喂养宝宝。恰当的饮食和锻炼很重要,但是要慢慢来,不能急于求成。

如果你在阴道分娩时做过会阴侧切术或有阴道撕裂，就得好好护理伤口。伤口愈合期需要 6 周，所以要保持伤口周围的清洁干燥。我建议你每天进行一次盐水浴，只需在浴盆中加一把食盐即可。将伤口浸泡在浴盆里能令你感到舒缓放松。把毛巾放在两腿之间蘸干私处，不要用力擦拭，因为那样做会让你觉得很疼。穿上紧实贴身的内裤，垫好干净的护理垫，这都有助于减轻伤口的痛感。记得在疼痛发作前就先服下止疼药。

会阴切、侧切或撕裂伤口的缝合材料能自行溶解，但可能会引起女性的一些焦虑，认为伤口是裂开或有缝隙的。人体是很智能的，为了防止瘀血、感染或血肿，身体创口处会聚集血液然后凝固成隆起的血痂。保持伤口附近清洁干燥，6 周后即可痊愈。并不是说这里的伤口不娇嫩敏感，但它最终真能愈合得很好。有些女性产后会去看自己的会阴区域，有些产妇的另一半也会去看。你们看的时候可能会有点害怕，因为伤口是裂开的。

剖宫产后，有时伤口愈合过程中皮下凝结的多余血液会从皮肤创口排出体外。我们可不希望血液滞留在伤口底下，因为那样会导致伤口感染。

如果伤口发红、疼痛、发热或有任何难闻的异味，一定要让医务人员检查一下。服用止痛药并照顾好自己。不要拿重物，不要四处跑。在让医生检查前不要贸然恢复运动。你需要 6~8 周时间才能完成产后恢复，对自己要有点耐心。

哺乳期的乳头护理很重要。治疗乳头皲裂时不要在乳头上涂抹任何合成乳液，用母乳就够了。等宝宝吮饱奶后，挤出一些多余的母乳涂在乳头上，然后让它自然风干即可，剩下的任务就交给自然本能来完成吧，请相信你的身体。乳霜、乳液、药水都治不了乳头疼痛。

婴儿的原始反射

我们在前文提到过惊跳反射或莫罗反射。婴儿还有很强的吮吸反射。当乳头刺激婴儿的舌头时，他就会反复吮吸和吞咽。这是一种原始的生存欲望，可以让婴儿通过喝奶来维系生命。

婴儿还有觅食反射。如果你触摸婴儿的一侧脸蛋，他会本能地转向这一侧去寻找乳头，因为他知道能在那里找到乳房喝奶。

婴儿也有踏步反射（又称行走反射）。如果你竖直抱起赤裸的婴儿，让他双脚接触地面，他便能在你的支撑下站着交替伸脚走步。

婴儿刚出生时，所有这些反射都很强烈，随着婴儿月龄逐渐增长，这些反射就会逐渐减弱消失了。

髋关节有响声

有些婴儿出生时髋部会发出咔咔的响声。这种情况经常发生在臀位出生的婴儿身上，也就是说，婴儿出生时先娩出母体的身体部位不是头部，而是臀部或双腿。这种婴儿的髋部会在分娩时被拉伸到某一位置，使其变得略有松弛，因此会发出咔咔声。

　　婴儿出生 6 周大时，如果髋部发出咔咔声或存在任何与髋部有关的问题，医生就会给他做一个超声波检查，确认一下髋部周围肌肉是否坚实良好，髋骨是否处于原位。有些婴儿还需要进行后续的超声波检查，从而确认髋部是否尚未发育成熟。不要惊慌，如果婴儿的髋部需要持续治疗，医生会让你去找整形外科医生，他可能会让你在短期内给宝宝佩戴一种柔软且灵活的支架来纠正髋部位置，每个婴儿需要佩戴支架的时间长短是不同的。

皮肤

　　婴儿身上的皮疹、胎记、斑块和斑点都会令新手父母非常担心焦虑。如果你担心的话，可以让专业医生给孩子检查一下。为孩子测量一下体温（最好用数字体温计测量婴儿腋下温度，从而获得可靠的读数），再拍摄一张皮疹的照片给医生看，因为每小时皮疹都可能发生不同的变化。

皮肤干燥

　　婴儿出生前 6 周的皮肤都很干燥。要有耐心，别给婴儿涂抹乳液或润肤霜。皮肤干燥只是暂时现象，几周之后，他就能拥有光滑细嫩的皮肤了。

乳痂

乳痂是可以预防的，它是由一层层干燥的皮肤聚集在一起形成的，通常出现在婴儿头部的前囟（婴儿头上较软的地方）以及双眉之间。大多数家长都担心清洗这些长在婴儿头部最柔软地方的乳痂会弄伤孩子。我的建议是：

· 在给婴儿洗澡时，用湿毛巾轻轻打着圆圈擦拭婴儿头部，确保你能洗到他的前囟门。

· 将湿毛巾拧干，然后用它在婴儿双眉之间轻轻擦几下。

完全没必要在婴儿头上涂抹任何油脂、润肤液或乳液，这样只会增加婴儿生成乳痂的可能性。

尿布疹

婴儿可能会不时地出现尿布疹，婴儿出生前几周里，尿布疹通常是由鹅口疮引起的。要动作轻柔地清洗婴儿臀部并将其蘸干，然后涂上抗真菌的婴儿霜，尿布疹会在 24 小时内消失。换尿布时，我一般不用婴儿湿巾给婴儿擦屁股，而是用温水和棉球进行擦拭。请把婴儿湿巾放在尿布袋里，因为它们在你外出时非常方便好用。

斑块和斑点

婴儿出生前6周身上会有很多斑块和斑点。对婴儿的皮肤要有耐心，避免使用太多乳液和药水。这些斑点在他6~9周时就会自行消退。

鹤吻痕

许多父母都担心这种斑痕，它们大多出现在出生婴儿的后颈、眼睑和前额部位。鹤吻痕呈粉红色，大多数婴儿都有，通常在婴儿长到12~18个月大时就会自行消退。

蒙古青斑

蒙古青斑是一种无害的皮肤青斑，通常长在背部和臀部，在亚洲和非洲婴儿身上更为常见。它从外观上看确实很像瘀青，所以许多家长第一次在婴儿身上看到蒙古青斑时都很惊慌。

婴儿血管瘤或"草莓斑"

草莓斑也称血管瘤，是一种红色的皮肤突起，斑块表面凹凸不平。有些血管瘤在婴儿出生时就可看到，但大多数血管瘤会出现在婴儿出生1~4周内。它会逐渐变大，直到慢慢停止生长为止。我建议你带孩子去看看儿科医生，因为有一些药物可以令血管瘤缩小。

毒性红斑

婴儿出生几天后，有一半新生儿会出现一种正常的新生儿皮疹，即毒性红斑，它本身对婴儿无害，而且几周之内就可自行消退。请用清水冲洗，不要涂抹乳霜。

　　婴儿痤疮

　　婴儿面部、脸颊和鼻部有时会长出小脓包。这些小脓包会在婴儿6周左右完全消退，但在此之前，痤疮可能会有恶化的情况。请用清水冲洗，不要涂抹乳霜。

新生儿与哥哥姐姐

　　"谁是那个小婴儿的爸爸妈妈呀？"一个3岁大的男童这样叫着。他是我护理的一位病人的长子，这个刚刚诞下的小婴儿是她和丈夫的第二个孩子。

　　这对父母兴高采烈地让长子来医院探望刚刚出生的小妹妹，在小婴儿旁边还摆着一辆巨大的玩具卡车，上面附着一张卡片："小婴儿妹妹安娜送给利奥哥哥的礼物。"

　　当利奥问他们婴儿的父母是谁时，夫妻二人都不禁大吃一惊。在那一刻，他们才第一次意识到家里又多个孩子可能会出现很多问题。

　　虽然家长热衷于替新生儿送礼物给小哥哥小姐姐，但通常这些只有两三岁大的幼童对刚出生的弟弟妹妹或是礼物都不太感兴趣，新添小婴儿的家庭往往都太高估"送礼物"的重要性了。年纪尚幼的小哥哥小姐姐不需要通过新生儿送礼物来获得安全感。我在病房角落里看到过很多拿玩具卡车当礼物的家庭。

设想一下，如果有个成年人搬进你家，你们之间肯定会出现很多问题和情感纷争。蹒跚学步的幼童还不具备发问的能力，他唯一能宣泄自己情绪的方式就是尖叫、打人和哭闹，有时还会出现行为倒退现象，比如在如厕训练时出现退步等。

所有这些都很正常，但是有几个基本步骤可以帮助这个小家伙还有你自己更好地应对这种局面。

嫉妒是一种习得行为，幼儿现在还不会嫉妒。孩子之间的手足情谊日后自会形成，所以不用急于一时。此时，父母需要给幼童提供无尽的爱与关注。

以下是一些帮助小哥哥小姐姐更好地适应新生儿的基本思路：

· 多拥抱孩子：幼儿需要关心，而且是当务之急。这会让他拥有更多安全感。等他得到了渴望的关注后，自然会去忙他自己的事。要经常把他叫到身边深情拥抱他，不要对他所做的任何事都否定或指责。在你坐着给婴儿哺乳的时候，需要掌握一些秘密绝招，比如说你可以给婴儿的小哥哥小姐姐读一本故事书，或者跟他（她）一起玩个游戏。（你要学会同时应付多重任务。）

· 给新生儿喂奶时，让小哥哥小姐姐坐在你身边。和他（她）聊聊天，解释一下你正在干什么。

· 当婴儿啼哭时，教会幼儿如何轻拍安抚婴儿，让他亲吻小妹妹的前额。你要告诉他做什么，因为他不知道该怎样做。

· 别给幼儿太大压力。跟他聊聊，给他信心，告诉他你很爱他。

· 继续保持家里的日常习惯。两三岁的幼儿喜欢循规蹈矩的习惯，只要你一出院回家，就把原来的习惯坚持下去。继续白天的睡眠习惯和晚上吃完晚餐洗澡看书然后睡觉的习惯。让他继续睡在自己的小床上，这样可以让幼儿觉得有安全感。记住，他需要自己的空间界限。

我们应该亦师亦长，要教会孩子们做什么，但通常情况下，我们却期望过高，往往会要求 2～3 岁的幼儿完成他这一身心发育水平还无法完成的事。

幼儿学会如何适应家里新增成员的过程决定了他日后与人相处的情感模式。他会发现，眼前的新局面令他有些手足无措。如果你能同他好好聊聊，他就会知道一切都在你的掌握之中。如果你觉得没问题，他也会没事的！

新生儿父母需要认识到他们的家庭发生了不可逆的变化，并且还需要留心观察家里的小哥哥小姐姐是如何应对这种变化的。

　　祝你好运，我知道你肯定能顺利度过这段时期。我的 7 个
哥哥姐姐当年都成功接纳了我这个小妹妹呢！

§

　　宝宝出生前 6 周发生了很多事，但是在接下来的 12 个月
里，他的身心发育情况更会让你大吃一惊。等他长到 12 个月
大时，就从新生儿成长为能走路、能说话、活泼好动且富有创
造力的幼儿了。好好享受这段育儿旅程，将无尽的爱与滋养都
奉献给你创造的这个小生命。我们此生只有一次机会好好完成
育儿工作，所以永远不要低估你亦师亦长的角色以及你对孩子
从出生开始直至今后余生的影响。

第六周

哺育、玩耍和睡眠习惯培养

洗澡—喂奶—睡觉

你猜对了：继续给宝宝进行洗澡—喂奶—睡眠习惯训练。如果你的宝宝用奶瓶喝完奶（比如晚上 10：30）一直能睡到凌晨 4～5 点，就可以把洗澡时间一点一点地提前了。这可能需要 3～4 个月时间才能实现，具体取决于婴儿出生时的体重和后来的增重情况，通常要达到 8～9 千克体重时才可以。这套习惯训练法是行之有效的。不要急着把洗澡时间往前挪，因为这样会干扰宝宝后半夜的睡眠情况，而这段时间恰恰是你需要他（还有你自己）好好睡觉休息的时间。记住他才只有 6 周大而已。注意网络搜索和闺蜜们那些告诉你要给宝宝早点洗澡的建议，你得逐月慢慢提前洗澡时间，这是帮助婴儿养成良好睡眠习惯的基础。

日间喂养

日间喂养现在变得更有条理了，但你仍会发现婴儿在晚上6点后食量很大。你的泌乳情况现在已经很好了，你做得很好，从现在开始母乳喂养就容易多了。你会发现婴儿现在能自己决定吃多长时间奶。有些婴儿要吃 30 分钟，另一些婴儿则只吃 5 分钟，但他们都能吃饱，体重也都有所增加。这说明我们每个人的哺乳情况是不同的，小婴儿的增重速度和时间也是不同的，所以最好不要拿其他母子的情况与你自己的情况进行比较。

玩耍

现在，你的宝宝可以在两次喂奶的间歇期在地垫上玩 20～30 分钟。要当心那些看起来很有趣的小物件，包括软摇椅、秋千、摇马、学步车、弹跳椅和健身架，所有这些都会干扰婴儿的自然生长发育。大自然需要婴儿在地板上自由活泼地玩耍，只有平地才是他学习所有技能的恰当场所，如翻身、抓握、肚皮贴地做 360 度转身，向后挪动身体开始肚皮贴地像突击队员那样匍匐前行，然后手膝并用撑起身体往前爬。这之后，他才能学会坐着，而不是先会坐然后才会爬。他不需要一个人独坐，因为这样会促使他一直坐在某个地方，而后他还不会手膝并用向前爬，只能拖着屁股往前挪动身子，事实上，恰恰是手膝并用的爬行才更符合婴儿的发育规律。

　　婴儿出生 6 周大时最棒的事就是他会微笑了。就在你认为关于育儿的一切都举步维艰时，他那会心的、充满爱的微笑就能将你的心彻底融化。现在，你和宝宝已经永远爱上彼此了。

第六周即将结束时……

· 婴儿第一次对你微笑。

· 你会觉得习惯训练法现在真的进展得很顺利了。

· 婴儿可以互动了，能表现出疲倦和饥饿的征兆。

· 婴儿的非睡眠时间和玩耍时间更长了。

· 婴儿白天仍需睡 3~4 次，每次持续 45~60 分钟不等。

· 你的宝宝应该能在晚上长时间睡整觉了。

· 到 6 周大时，婴儿体重应该增长 1 千克了。

· 如果你没有母乳喂养，就可能已经开始恢复月经了。

· 到产科和儿科医生那里做预约的产后 42 天检查。

· 你又该开始避孕了。

· 你可以重新开始运动健身了。

第十章

出生六周后

　　每天、每周、每月、每年，你的孩子都在不断发生着变化，可以说是日新月异。请你以一种积极态度去育儿。常用积极的语气和你的宝宝说话，与其说"别那样做"，不如说"我们不如这样做"。你的宝宝已经在向你学习了，你说话的内容和说话的语气他都能感受到。

　　人一生中最初的 7 年里都具有可塑性，家长教什么孩子就会学什么。我们要教会他们区分良莠，教会他们乐观开朗，如果我们不够小心，则可能教会他们消极悲观。我们既然为人父母，就有责任培养出快乐且有爱心的孩子。

　　常言道："七岁看老。"无论孩子长到多大，亦师亦长的我们都责无旁贷，要一直敦促孩子安全健康地生活下去。我们可以保护孩子，给他们提供关爱，与他们一起分享，共同度过美好的亲子时光。我们要成为孩子的主心骨和定盘星。

　　我之前提到过给婴儿培养某些日常习惯的训练方法。最重要的是想让你的宝宝能睡个整觉。这种好习惯一旦打下基础就能随着孩子的逐渐长大继续保持下去。

有些婴儿一出生就一直睡得很好，但是随着年龄增长，可能就不会乖乖睡觉了。有几个原因可能会导致婴儿改变睡眠习惯并在夜晚不断醒过来（参见下段文字）。月龄不足6个月或体重不足8千克的婴儿需要食物，所以不要对他的哭声置之不理。

是什么改变了婴儿的睡眠习惯

· **长牙** 有些婴儿出牙时很痛苦，而另一些婴儿没有任何行为变化就在不知不觉间把牙齿长齐了。有些婴儿可能还会脸颊发红发烫，大便溏稀，溏稀便还可能会令婴儿屁股发红发痛，导致尿布疹。

· **旅行** 环境变化确实会令婴儿改变睡眠模式。很多家长都爱去度假，出游计划一开始听起来肯定很棒……

· **生病** 婴儿因为感冒、胃液反流、病毒和（或）细菌感染而身体不适时，就会经常醒过来，他的睡眠被扰乱了。

· **白天缺乏运动** 通常婴儿在大约4个月大时，往往会在午夜前醒来，有时会在后半夜每隔2小时醒一次。婴儿需要白天在地板上积极玩耍。记住：食物+

运动 = 睡眠。

·**安抚奶嘴** 婴儿出生 6 个月后，会经常醒过来要安抚奶嘴。妈妈则需整夜进出婴儿房往他嘴里放安抚奶嘴，进而造成了一种碎片化的睡眠模式。

被动安抚法

你需要宝宝自主入睡吗？没时间去睡眠学校学习？"控制哭泣法"是让你家宝宝成功入睡的唯一方法，但这种方法非常不受欢迎，因为人们认为这样会给婴儿造成长期的伤害，但请相信我，婴儿每晚要醒 3~7 次对亲子关系造成的伤害比控制哭泣法造成的伤害要多得多。更重要的是，长期睡眠不足对婴儿和父母会有什么样的影响？

所以，权且让我们称之为被动安抚法吧，这样我们才不会觉得自己袖手旁观地放任孩子"控制自己"时快要把"眼睛哭瞎"了。我已经成功教了 33 年多的"被动安抚法"，事实上，我在自己儿子身上也用了这种方法，他那时 8 个月大，每睡两三小时就会因为胃酸反流而醒过来。

婴儿要通过学习才能掌握一项技能。所以，如果他们夜里经常醒的话，就得学会如何让自己重新进入睡眠状态。被动安抚法的目的就是要让婴儿自己接着睡觉，但要做到这一点，你必须遵循一个严格的训练过程。多年来，很多人告诉我说他们尝试了很多次"控制哭泣法"，但都没能奏效。如果不起作用，说明可能是训练方法有误。

被动安抚法的目的是要让婴儿自己入睡，其间父母要不时去查看并安慰他，并增加每次训练的持续时间，直到婴儿能自主入睡为止。

我提出的被动安抚法须遵守如下规则，婴儿必须：

- 月龄大于6个月和（或）体重超过8千克
- 没有生病迹象
- 在家里他自己的婴儿床上进行训练
- 在接下来的几个星期不会举家外出度假

方法

确保婴儿在下午6点前吃完奶洗完澡。尽量不要在第一次练习被动安抚法前给婴儿喂太多奶，因为有些婴儿可能会呕吐，这会给他带来痛苦，也会给你自己增加不必要的工作量。白天多给婴儿喝奶，上床睡觉前少让他喝一些奶。

一旦婴儿准备好要睡觉时，就给他穿上合适的衣服，然后放进睡袋里。在婴儿床上不要铺床单、放枕头或毯子。亲吻他跟他道晚安，告诉他你有多爱他，把他放到床上，然后径直走出门去。家长把婴儿留在婴儿床上然后打开大门的时候，可能是最难做的一件事情了。但是记住，他很安全。

随后，我建议你拿出电话，打开计时器，将时间设置为两分钟。宝宝哭的时候，这两分钟似乎会过得非常非常慢。最好不要站在门外听他哭。在家里溜达溜达，泡杯茶，做些事来分散你的注意力。两分钟后，进去安慰孩子，跟他说同样的话："晚安，亲爱的，该睡觉了，好孩子。妈妈来了，我会回来的。该睡觉了，真是个好宝宝。"

我建议你不要在婴儿房待太久，因为那样会给你们母子都带来压力。逗留大约 15~30 秒，让婴儿安心，然后离开房间。

许多年前，我们常常要在训练的安抚阶段抱起孩子，直到他平静下来才把他放回床上。其间自然用了更多时间，而且似乎还会加剧婴儿哭泣的程度。所以，在婴儿床上安抚孩子更省时间也更见效。你可以离开房间后马上将计时器设置为 4 分钟，然后按照之前相同的程序重复执行。

你需要按照 2 分钟、4 分钟、6 分钟、8 分钟、10 分钟和15 分钟的时间间隔执行。如果 15 分钟后婴儿仍在哭泣，就每15 分钟进去安慰他一次。

根据我的经验，很少有婴儿每 15 分钟都要哭一次的。我发现到了 4 分钟和 6 分钟时，婴儿的哭声往往只会持续几秒钟，然后就能平静下来。此时，你会开始觉得自己几乎就要达成目标了。

婴儿对这种训练的接受程度不尽相同。有些婴儿只用半小时，而有些婴儿则似乎需要好几个小时。等孩子止住哭声进入梦乡后，那种宁静简直会令你不敢相信。击掌庆祝一下吧！

等婴儿最终睡着了，就让他自己睡。如果你用婴儿监视器看着他，也别担心他是否会在睡觉过程中滚到小床的另一端去，不用管他。在开始训练被动安抚法前，请记住确保婴儿床上别放玩具、床单、枕头或毯子。

下一次婴儿醒来时，先等两分钟再去查看他，因为他自己有可能马上再次入睡，但是如果两分钟后他还没有睡意，就进去重新开始被动安抚训练。我发现在训练过程中，婴儿都能很快安静下来不再哭闹。再击掌庆祝一下吧！

根据婴儿的年龄，如果他在下午 6 点一觉睡到凌晨 4 点或 5 点，我肯定会喂他吃奶的，然后他还能再接着睡几小时。

被动安抚法真的很有效，如果你家孩子夜里经常容易醒，就需要尝试一下这个方法了。在婴儿床上不停地轻拍并用嘘声哄婴儿睡觉只会使母婴双方都感到很痛苦，而且，根据我的经验，这种方法也根本行不通。等着去查看婴儿的那几分钟似乎显得很长，但你需要做好准备，并且得到另一半的支持。如果你中断了这个训练，给孩子喂奶并"违反了规则"，就还得从头再来。因此，一旦你开始了这项训练，就得坚持下去，直到宝宝睡着为止。

等到了第二天，你也得以同样的方式继续在白天进行睡眠训练。在睡觉时间将婴儿放进小床，再次开始这个训练，让他哭 2 分钟、4 分钟、6 分钟，以此类推。你会发现他很快就能明白是怎么回事，并且学会如何自主入睡。进行被动安抚训练时，你们夫妇二人一定要保持一致，这一点很重要，如果其中一人半途而废，这种方法都不能成功。一旦你做出了让步，就得从头开始。

如果婴儿在这个阶段还用安抚奶嘴的话，就需要放弃使用安抚奶嘴了，别再用它来安抚宝宝，这样你才能更成功。另外，如果你此时还通过直接哺乳或用奶瓶给孩子奶水的话，得趁宝宝还没睡着就把他放在小床里。一旦被动安抚法训练成功，你便会发现宝宝以后就不需要奶水了。

有些婴儿可能只需要被动安抚法训练两三天，有些婴儿则需要 7 天时间。但从你第一次这么训练起，他就不会哭得很厉害。我发现一路训练下来，婴儿可能会在深夜两点醒来，然后哭两三分钟，还没等你去起床查看，他自己就又睡着了。这便是被动安抚法的成功之处。

记住，大多数婴儿在睡觉前都有自己惯有的一些事情要做。有些孩子要哭一阵，有些孩子要来回翻身，有些孩子要唱歌，有些孩子要大笑，有些孩子要一直哇哇大哭，但最终他们都能自己睡着。对你或孩子来说，每隔几个小时就醒一次，然后整晚要醒 7~10 次可不是什么正常现象，而且你一整晚都得不断哄他睡觉。

如果你觉得坚持不住不想训练了，想进屋把孩子抱起来，那就这么做吧。

不是每个人都赞同被动安抚法，但也不是每个人都能看到这种方法的成功之处，得益于此法的很多宝宝都很快乐，当然，他们的父母也休息得很好，觉得更快乐。每一个婴儿的睡眠问题都是独一无二的，可以有各种各样的解决方法，但我至少可以给你一些明智的建议。

添加辅食

多年来，应该在婴儿多大时为其添加辅食一直没有定论。婴儿月龄不足 6 个月时，母乳和配方奶是满足他所有营养需求的理想食品。

为婴儿添加辅食总是会令家长们感到焦虑。既然你不希望晚餐时间变得忧心忡忡，就不必急于一时。如果你家宝宝某天拒绝吃辅食，那就停几天再重新开始。孩子迟早会吃辅食的，但你需要给他时间让他做好准备。

父母会认为婴儿在很小的时候就需要添加辅食，因为婴儿会在吃饭时仔细观察成年人是如何把食物送进嘴里的，但这其实是因为这么大的婴儿看到任何颜色和运动物体都很兴奋的缘故。

小婴儿为了生存，天然具有吮吸反射，此外，他先天还具有挤压反射，你可能会注意到他能把舌头吐出来然后缩回去。许多家长（我们所有人）都认为自己的孩子很聪明，能模仿大人吐舌头，但这其实只是婴儿与生俱来的一种原始反射，可以让他把嘴里的任何硬物都吐出来。自然机理借此保护婴儿，让他在学会咀嚼吞咽前无法将可能造成危险的硬物或食物吃进嘴里。

挤压反射是正常现象，并不意味着你的宝宝不喜欢吃食物，只不过他此时还不具备吞下任何硬物的能力，所以只会吮吸。等健康婴儿的挤压反射消失后，他就能将食物送达口腔后部并且安全吞咽下去。这时候，你的宝宝才真正为吃辅食做好了准备。

关于给婴儿添加辅食，有很多新潮且多样的做法。请相信我，不论方法多么纷繁多样，孩子的发育规律总是固定不变的。

允许月龄 4~6 个月大的婴儿开始食用固体食物的生理特征包括：

> ·肾脏功能足够婴儿应付食用辅食时增加的代谢负担。
>
> ·消化酶会在婴儿大约 6 个月大时基本发育成熟。
>
> ·肠道防御机制充分发挥作用时会释放免疫因子。
>
> ·婴儿在 4~6 个月大时挤压反射消失，可以将食物移送至口腔后部并安全吞咽。
>
> ·婴儿的头部控制能力增强，可以使他坐着时更容易吞咽。

在决定何时开始添加辅食时，既要考虑到婴儿是否已经做好准备，还要看他是否对食物感兴趣。不同月龄婴儿从液体食物过渡到固体食物的接受能力可以反映出他们在进食技能方面的发育情况。新生儿只能吸吮并吞咽液体食物。婴儿出生前几个月，你可能会注意到他经常流口水，这是因为他还不能把唾液含在嘴里。婴儿3个月大时，口腔和唇部的活动范围会有所增加，头部控制能力也会变得更强。在婴儿大约6个月大时，能把手指放进嘴里，并且可以更好地控制下巴和嘴唇，进而让舌头上下移动。

等婴儿9个月大时，就会伸手去拿勺子，开始喜欢喂自己吃东西。到了12个月大时，他便能四处走动、与人互动、使用杯子。届时，婴儿可以独立进食，大块食物也能咀嚼得很好。让婴儿按照自然发育规律生长就可以了。

我建议辅食要从柔软、安全、干净的食物开始添加。为婴儿添加的第一种理想食材我认为应该是米粉。将一茶匙米粉与一些母乳或配方奶混合在一起，然后喂给婴儿吃。他们尝到米粉后可能会做出很多有趣的表情。如果婴儿第一次吃的时候表示拒绝，就第二天再试一次。这对你们母子二人来说都是新鲜事物。慢慢来，不要着急，因为用餐时的心情应该是十分放松的，不要有任何压力。

婴儿不需要美食食谱。简单、软烂、干净、新鲜的食材就已足够。等婴儿吃几天米粉后，可以在午饭时给他吃些煮苹果。让他连续这样吃几天，然后再在晚饭时给他添加一些红薯。

现在你有辅食计划了：早餐吃米粉，午餐吃煮苹果，晚餐吃红薯泥。然后再逐周逐月添加新的食物。同样，从一茶匙的食物量开始，然后在接下来的几天和几周内逐渐加量。一次只给婴儿吃一种食物。

先吃流质软食和质地光滑的水果蔬菜。添加辅食通常要从富含铁质的婴儿米粉开始，然后再逐渐加上蔬菜、水果、红肉和白肉，一次只加一种，并且要少量加入。

在孩子长到 12 个月大的过程中，要逐渐增加食物的种类和数量。

比如谷物早餐、酸奶、奶酪和蛋羹这类含有少量牛奶的混合食物营养丰富，非常适合 7~8 个月大的婴儿。

到 1 岁时，孩子就应该能吃各种各样的家常食物了，并且他也已经从吃糊状或捣碎食物发展到了能吃切成小块的食物。

因为蜂蜜是一种容易被肉毒杆菌污染而导致中毒的食物，所以不建议给 2 岁以下的孩子食用蜂蜜。同时还要避免幼小的孩子食用整颗坚果，以防吸入或窒息危险。

一些一般性提示

· 在婴儿 6~7 个月大时开始喂食各类肉末。

· 在婴儿 9 个月大时开始添加其他谷物。

· 在婴儿 7~8 个月大时给他少量喂食蛋羹、酸奶、麦片粥等含有少量牛奶的食物。

· 等婴儿 10 ~ 12 个月大以后再尝试可能会诱发过敏的食物，比如蛋白或花生酱等。

· 避免给婴儿吃小而硬的食物，比如坚果和未煮熟的蔬菜，因为存在窒息危险。

· 孩子学吃饭时会弄得一团糟，要做好心理准备。

· 孩子吃饭时要有大人陪伴，家人吃饭时可以让他和大家坐在一起，从而观摩并学习进食技巧。

· 孩子开始喝牛奶以外的食物时，他的排便习惯（和粪便气味）就会发生变化。

· 婴儿不需要喝果汁，因为果汁含糖量很高。

· 如果你家饲养着宠物狗，它肯定很喜欢婴儿进餐的时候，因为宠物狗必然能在婴儿每天 3 次进餐时从地上捡到他弄掉的各种美味！

需要为你家小婴儿记下的要点

· 小婴儿都处于原始发育阶段。

· 婴儿天生知道如何生存，不会令自己忍饥挨饿。

· 婴儿的吮吸反射是生存本能之下最强烈的一种反射。

·婴儿身上不可能同时出现生病和健康两种状态。

·婴儿需要来自母亲的依恋，他们喜欢被人紧紧抱着，这样不会"宠坏"他们。

·要建立好最初和后续的亲子依恋关系，就离不开谈话、拥抱、触摸和亲吻。

·你不会喂撑婴儿，但却可能会让他吃不饱。

·新生儿通常在晚上都很吵闹。

·婴儿会在睡觉时发出咕哝声，小脸涨得通红，扭动身体并且放屁，这些都是正常现象。

·婴儿刚出生时很爱睡觉，然后会逐渐清醒过来，拥有更多非睡眠时间。

·产后泌乳是自然而然发生的，只要你给孩子喂配方奶之前继续哺乳，配方奶就不会干扰母乳喂养。

·6个月以下的婴儿如果晚上睡得很好，白天就不会睡太久，他通常只能睡3次45分钟的短觉。

·对你的宝宝积极做出回应，不要按照育儿书上写的各种"迹象"来判断婴儿的需要。

·婴儿的非睡眠时间比你想象的要长。

·婴儿不会令自己过度疲劳，如果他们需要睡觉，自然就会睡着了。

那么，我要介绍的有关婴儿出生前 6 周的一切内容差不多就到这里了！

关爱孩子，时刻出现在他的生命里，这些就全靠你了。愿你对孩子说话的态度总是积极而鼓舞人心的，愿你常能深情亲吻你的孩子，愿你的双臂永远向他敞开，让他觉得舒适平和，愿你能与孩子庆祝他的每次进步。每天时常告诉孩子你有多爱他，多提他的名字，因为每个人都喜欢被别人惦记着。

好好享受育儿过程吧，虽然有时会非常艰难，但这却是一项非常有成就感的工作！